U0179432

北京语言大学校级项目资助(中央高校基本科研业务费专项资金)
(项目批准号 20YBT08)

Java
编程语言

杨吉涛 著

中国原子能出版社

图书在版编目 (CIP) 数据

Java 编程语言 / 杨吉涛著 . -- 北京 : 中国原子能出版社 , 2023.5

ISBN 978-7-5221-2728-6

Ⅰ . ① J··· Ⅱ . ①杨··· Ⅲ . ① JAVA 语言—程序设计 Ⅳ . ① TP312.8

中国国家版本馆 CIP 数据核字（2023）第 098093 号

内容简介

Java 编程语言是互联网应用最广泛、使用人数最多的编程语言之一，连续多年排名世界前列。Java 广泛应用于大型互联网 Web 系统、安卓手机操作系统及其生态开发、大数据、云计算、人工智能等领域。本书主要包含的内容有：Java 开发环境和基本数据类型、类与对象、类的流程控制和异常、类的继承和抽象类、接口与多态、文件的读写、对象数组和集合、多线程、数据库访问、Java Web 编程。通过阅读本书并结合编程练习，读者可以快速入门掌握 Java 编程语言的基础知识，掌握 Java 语言的编程技能，熟练运用 Java 开发算法，熟练运用 Java 开发大的应用程序，并能够使用 Java 语言进行 Web 系统的设计和开发。

Java 编程语言

出版发行　中国原子能出版社（北京市海淀区阜成路 43 号 100048）
责任编辑　张　琳
责任校对　冯莲凤
印　　刷　北京亚吉飞数码科技有限公司
经　　销　全国新华书店
开　　本　710 mm × 1000 mm　1/16
印　　张　13
字　　数　204 千字
版　　次　2024 年 3 月第 1 版　2024 年 3 月第 1 次印刷
书　　号　ISBN 978-7-5221-2728-6　　定　价　86.00 元

网　址：http://www.aep.com.cn　　E-mail:atomep123@126.com
发行电话：010-68452845

前　言

本书主要包含的内容有：Java开发环境和基本数据类型，类与对象，类的流程控制和异常，类的继承和抽象类，接口与多态，文件的读写，对象数组和集合，多线程，数据库访问，Java Web编程。

Java开发环境和基本数据类型，主要讲解：面向对象的概念，类和对象的概念，Java的基本数据类型与数组，及Java开发环境的部署。

类与对象，主要讲解：类和对象的定义，类及其成员的访问控制方法，构造方法，及java的垃圾回收机制。

类的流程控制和异常，主要讲解：Java类的流程控制，包括if-else、while及for循环等结构；异常Exception的处理，包括抛出异常、捕获异常等。

类的继承和抽象类，主要讲解：继承的概念和应用，抽象类、抽象方法的概念，包的概念和应用，Java基础类库的应用。

接口与多态，主要讲解：接口与多态的概念及应用，内部类的语法结构及其应用场景。

文件的读写，主要讲解：输入/输出流的概念及其分类，文本文件及二进制文件读写的概念和方法，对象序列化。

对象数组和集合，主要讲解：如何使用数组存储对象，Java的集合框架如ArrayList、Vector、HashSet、HashMap等的优缺点及各自的使用方法。

多线程，主要讲解：线程的概念，用Thread类创建线程，用Runnable接口创建线程，线程间的通信，多线程的资源共享，线程的同步，线程的生命周期。

数据库访问，主要讲解：关系型数据库和SQL的基本概念，JDBC的基本概念和访问数据库的机制，通过JDBC访问MySQL数据库的编程实现。

Java Web编程，主要讲解：JSP的基本概念和运行机制，使用Java

编写Web应用程序的基本模式，Tomcat安装及Java Web程序部署，CSS、SpringBoot等Java Web编程流行框架基本知识。

本书非常注重实际编程能力的培养和锻炼，因而在第一章就手把手的教读者配置Java开发环境，并写出第一个Hello World程序，避免读者陷于一大堆理论知识当中，而无法通过具体编程实践来理解知识点。也避免读者在读的时候感觉都懂了，实际上理解存在偏差，随着学习的深入，就会觉得知识晦涩难懂，进而放弃了学习。

通过阅读本书并结合编程练习，读者可以快速了解Java编程语言的特点和理论知识，能熟练使用Java进行程序开发，用Java开发复杂算法，熟练运用Java开发大的应用程序，并能够使用Java编程语言进行Web系统的设计和开发。

在本书的撰写过程中，作者不仅参阅、引用了很多国内外相关文献资料，而且得到了同事亲朋的鼎力相助，在此一并表示衷心的感谢。由于作者水平有限，书中疏漏之处在所难免，恳请同行专家以及广大读者批评指正。

作　者

2023年3月

目　录

第1章　Java开发环境配置及基本数据类型

1.1　Java编程语言简介

Java编程语言是互联网应用最广泛、使用人数最多的编程语言之一，连续多年排名世界前列。Java广泛应用于大型互联网Web系统、安卓手机操作系统及其生态开发、大数据、云计算、人工智能等领域。

Java是面向对象程序设计语言。面向对象编程，主要包含“对象”和“类”两个概念；世界上的事物或东西都可称为“对象”，比如张小花同学是一个学生对象；把具有共同特有属性和行为的事物进行抽象归类，形成“类”，如学生是一个类。

例如，我们先定义一个学生（Student）类，需要找到学生共同的属性（比如：学生都有学号等属性）和行为（比如：学生都有上课等行为）。类的定义中，属性用“变量”定义（比如：studentID），行为用“方法”/“函数”

定义（比如：attendClass）。

组成Java程序的最小单位是类，类由属性与方法组成。每个对象具有属性和行为。

学生类的代码如下所示：

```
class Student {
    // 定义属性
    int studentName;
    int studentID;
    int studentGrade;

    // 定义方法
    void attendClass() {
        …
    }

    void takeAnExamination () {
        …
    }
}
```

其中，Student是类名，代表学生类，studentName、studentID、studentGrade是变量，代表学生的属性（学生名字，学号，年级）；attendClass和takeAnExamination是方法，代表学生的行为（上课，参加考试）。

Java通过双斜杠“//”对代码进行单行注释，通过“/* */”进行多行注释。

1.2 Java的开发和运行环境

Java代码在Java虚拟机（Java Virtual Machine，JVM）上运行，在不同的操作系统安装上Java虚拟机后，同一段Java代码可以在任何操作系统上运行，因而Java代码具有平台无关性。Java的运行环境架构如图1.1所示。

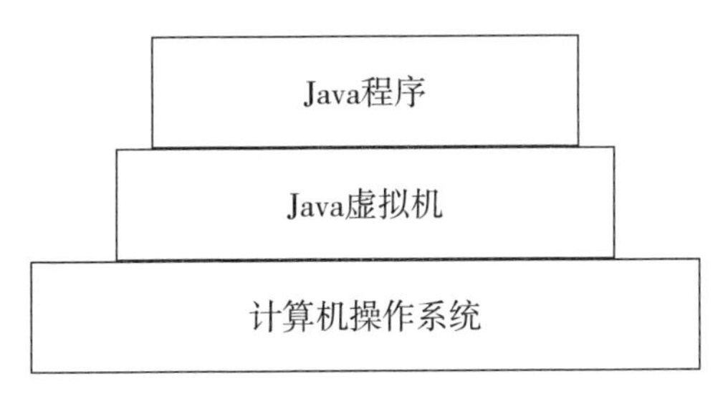

图1.1 Java运行环境

Java虚拟机通过安装Java开发工具包JDK（Java Development Kit）实现安装。

1.2.1 JDK安装

JDK（Java Development Kit）是Java编程语言的开发工具包，其中包括Java虚拟机、Java系统类库及一些Java工具。JDK安装包的官方下载地址是：https://www.oracle.com/java/technologies/downloads/，如图1.2所示，可按照自己电脑的操作系统类型（Windows，macOS，或Linux），选择下载对应安装包。

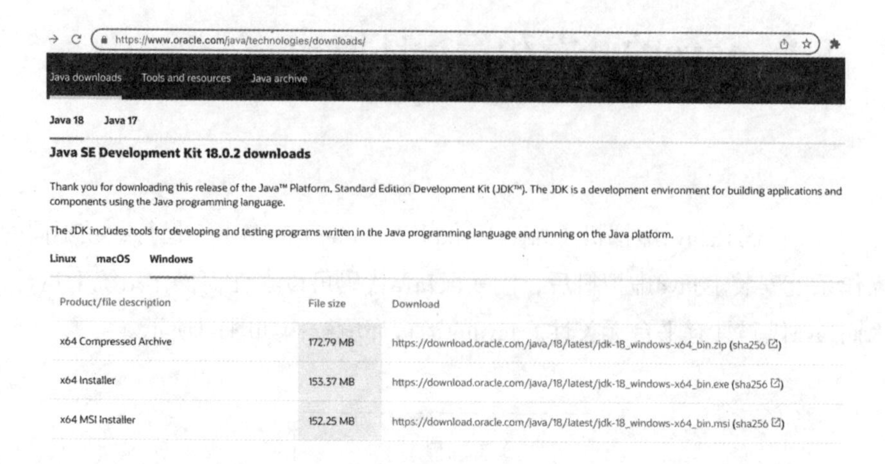

图1.2　JDK下载页面截图

本文以下载Java17面向Windows操作系统的 x64 Installer为例，点击下载完成后，双击下载到的文件（jdk-17_windows-x64_bin.exe）运行，依次会出现如图1.3、图1.4、图1.5所示的安装界面：点击下一步，可以选择自己想安装的文件夹，这里使用默认文件夹，再点击下一步，安装完成，点击关闭。

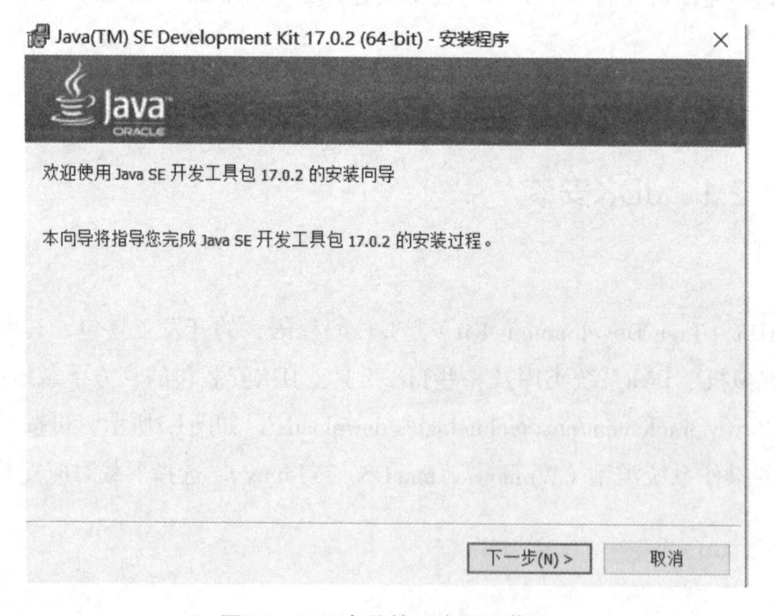

图1.3　JDK安装第一步页面截图

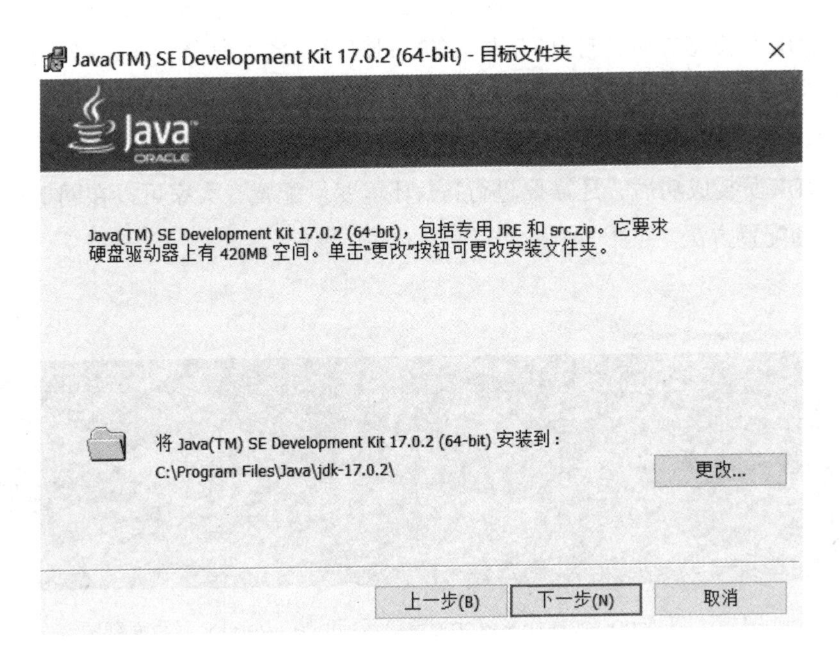

图1.4　JDK安装第二步页面截图

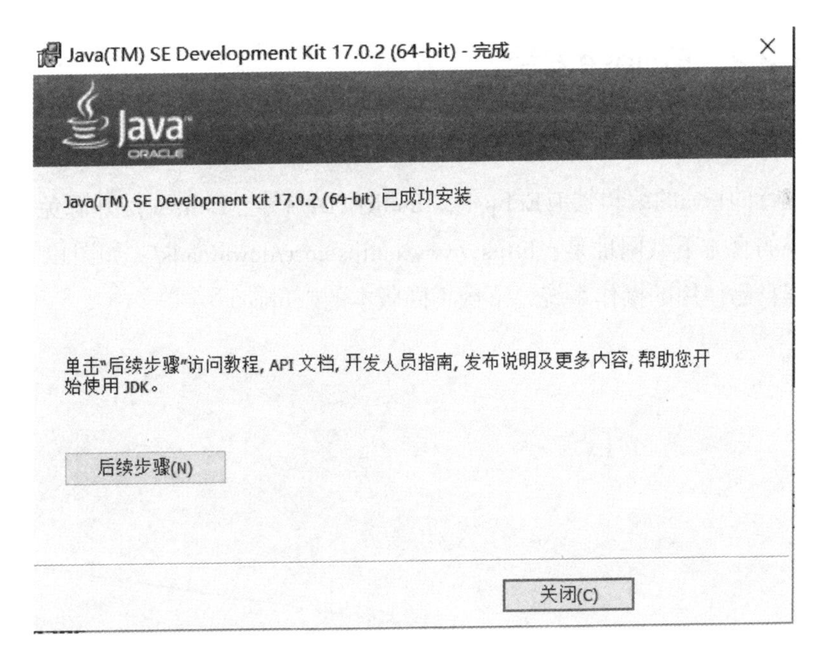

图1.5　JDK安装完成页面截图

JDK安装完成后，打开windows的cmd窗口，输入命令：java -version查看JDK是否已经安装成功。如图1.6所示，出现java的版本号说明jdk已经安装成功。

JDK安装成功后，还需要进行Java环境变量配置，大家可以在网上搜索具体的配置方法。

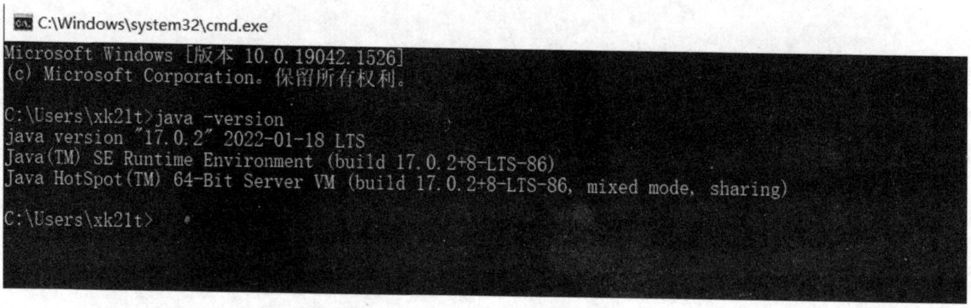

```
C:\Windows\system32\cmd.exe
Microsoft Windows [版本 10.0.19042.1526]
(c) Microsoft Corporation。保留所有权利。

C:\Users\xk21t>java -version
java version "17.0.2" 2022-01-18 LTS
Java(TM) SE Runtime Environment (build 17.0.2+8-LTS-86)
Java HotSpot(TM) 64-Bit Server VM (build 17.0.2+8-LTS-86, mixed mode, sharing)

C:\Users\xk21t>
```

图1.6　在Windows操作系统cmd窗口运行java -version后页面截图

1.2.2　Eclipse安装

流行的Java的编辑器有Eclipse、IntelliJ IDEA等。Eclipse是开源免费的，Eclipse的官方下载网址是：https://www.eclipse.org/downloads/，如图1.7所示，可依据自己使用的操作系统，下载不同版本的Eclipse。

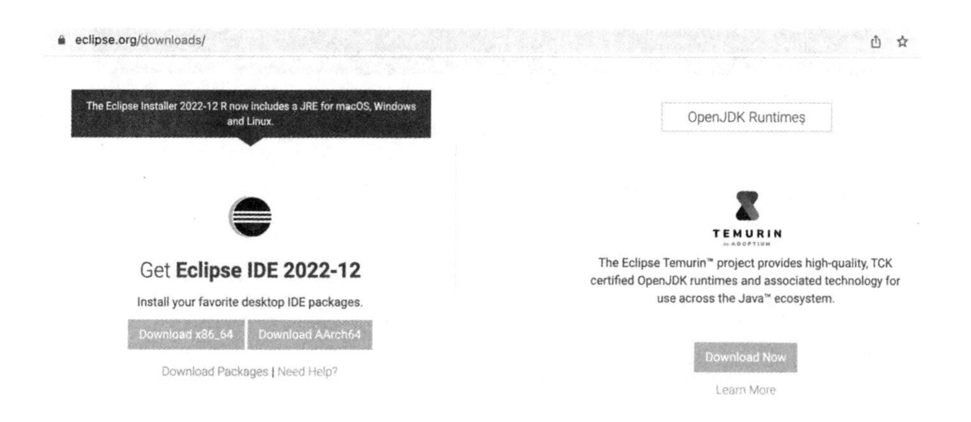

图1.7　Eclipse下载页面

以Windows操作系统为例，下载完成后双击既可以启动安装，安装过程中会让选择eclipse-workspace的目录位置，一般用默认的目录即可，如图1.8所示，eclipse-workspace目录用于存放所有在Eclipse里编辑的Java代码，因而，可以在该目录下找到所有的编辑并保存的Java代码。

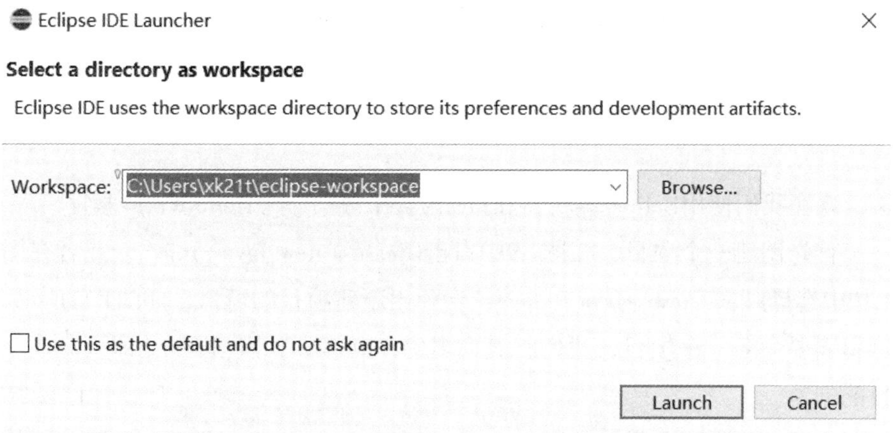

Eclipse IDE Launcher

Select a directory as workspace

Eclipse IDE uses the workspace directory to store its preferences and development artifacts.

Workspace: C:\Users\xk21t\eclipse-workspace　Browse...

☐ Use this as the default and do not ask again

Launch　Cancel

图1.8　设定Eclipse workspace目录

Eclipse安装完成后，打开Eclipse，其打开界面如图1.9所示，Eclipse就安装成功了。

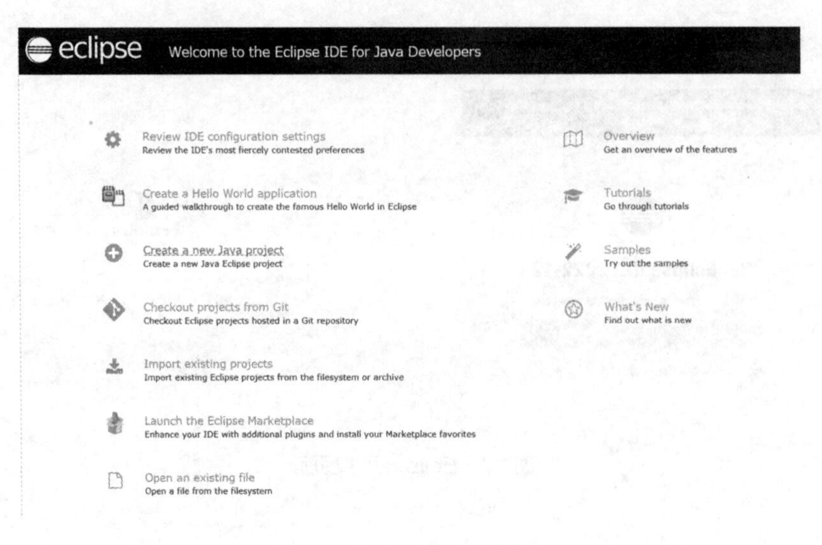

图1.9 Eclipse打开后界面

1.3 Hello World

现在我们使用Eclipse编辑器和Java语言来编写一个Hello World 程序。

首先创建一个项目，在图1.9中点击Create a new Java project，或者在图1.10中选择File→New→Java Project，会弹出新建项目的窗口，如图1.11所示，这里需要命名一个项目，我们将其命名为HelloJava，点击Finish即可完成项目的创建。

之后，创建一个类，如图1.12及1.13所示，在src上右键New→Class，将类命名为HelloWorld，并点选“public static void main(String[] args)”复选框，点击Finish即可完成类的创建；创建完成的HelloWorld类，如图1.14所示。

如图1.15所示，在main方法里，输入如下代码：

System.out.println(“Hello World”);

点击Eclipse左上角的绿色运行按钮，就可以在控制台（Console）输出Hello World了，如图1.16所示。

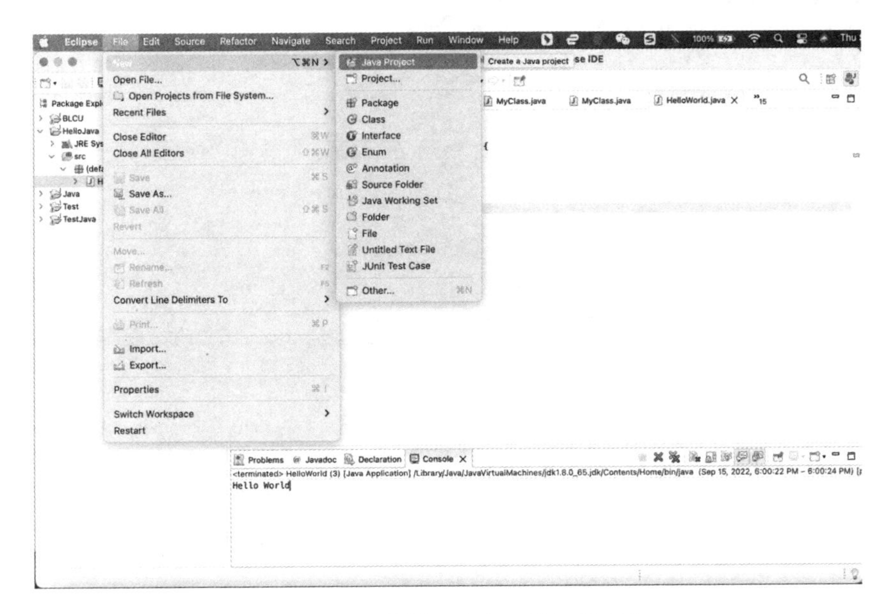

图1.10 Eclipse创建一个Java项目界面（一）

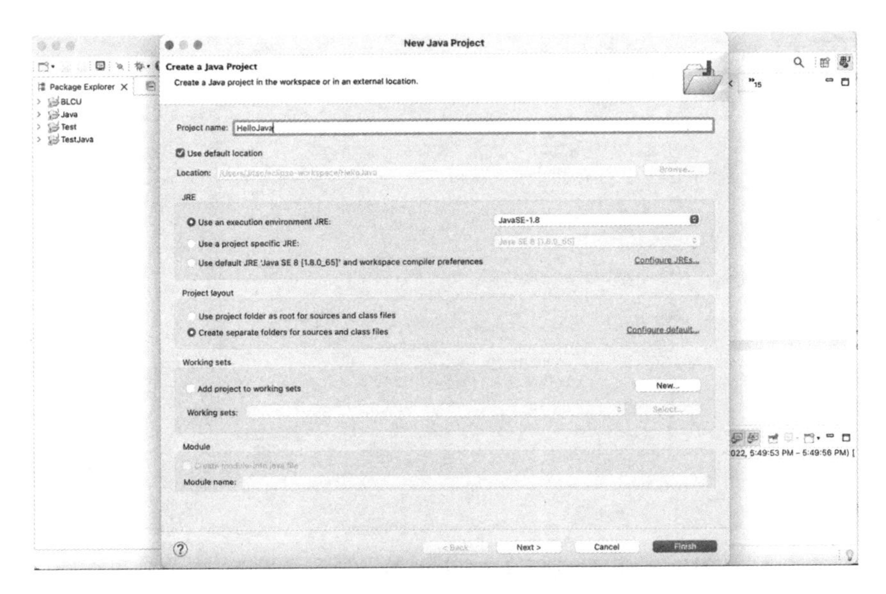

图1.11 Eclipse创建一个Java项目界面（二）

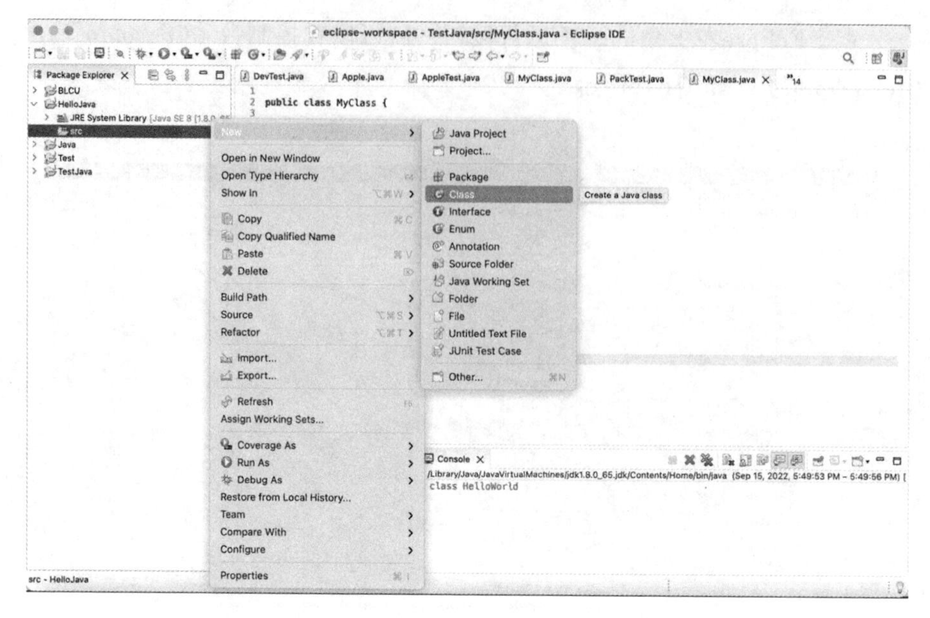

图1.12　Eclipse创建一个Java类（Class）界面（一）

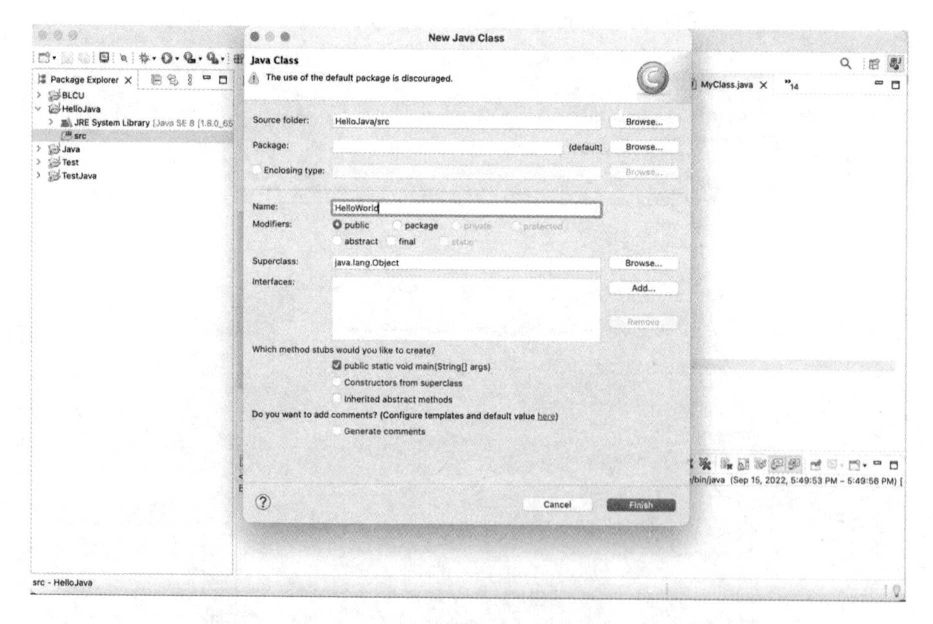

图1.13　Eclipse创建一个Java类（Class）界面（二）

图1.14　创建完成的Java类HelloWorld

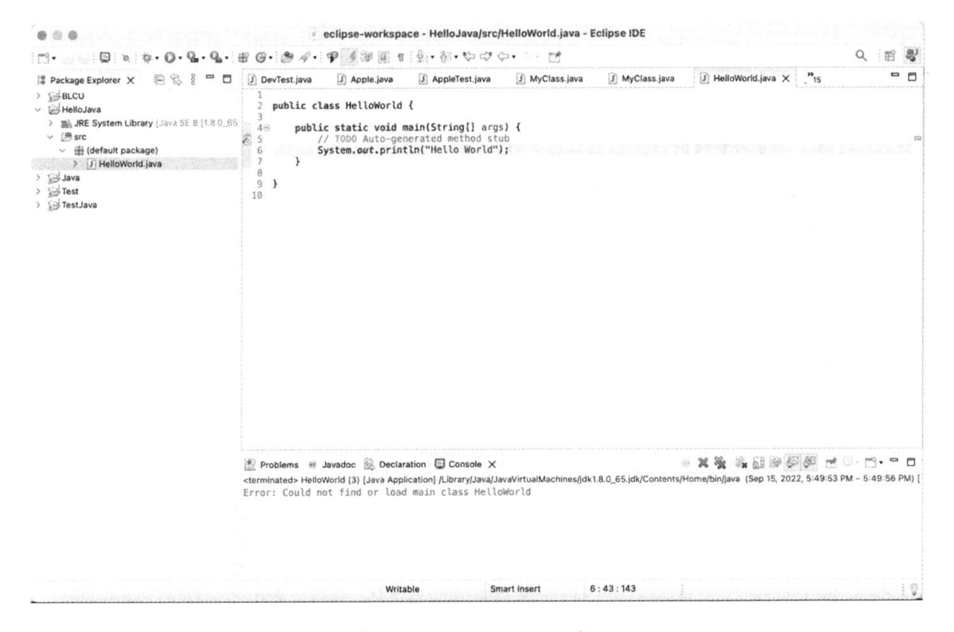

图1.15　HelloWorld类

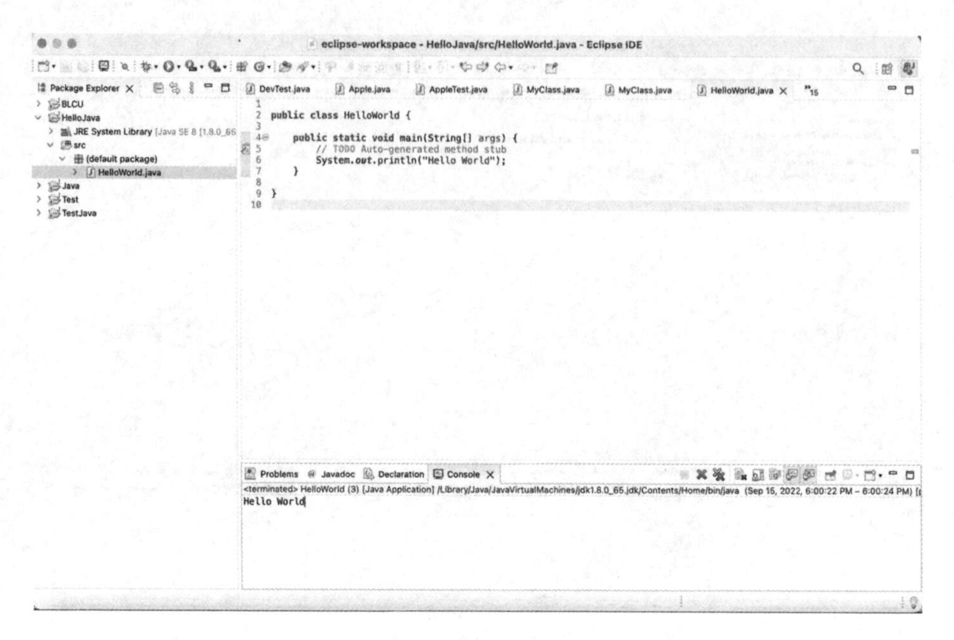

图1.16　HelloWorld类运行输出Hello World

1.4　Java的基本数据类型

1.4.1　变量

变量，用数据类型和变量名字符串定义，例如：String universityName，表示universityName是一个字符串（String）变量。

变量名字符串的第一个字符必须是：大写或小写英文字母 A–Z/a–z，下划线_，或美元符号$，例如：name，_age。

变量名字符串的第二个及后继字符必须是：大写或小写英文字母A–Z/

a–z，下划线_，美元符号$，或数字0–9，例如：student_name。

为了增加变量名的可读性，Java中一般通过一个单词或多个单词组合定义变量名，变量名的第一个字符一般小写（如：address），如果多个单词组合形成一个变量名，除第一个单词首字母小写外，其它单词的首字母大写（如：studentHomeWork）。

1.4.2　基本数据类型

1.4.2.1　整型、浮点型及布尔型

Java包含整型int、浮点型float等数据类型，具体如表1.1所示。

表1.1　Java基本数据类型

数据类型	说明	所占字节	默认值	对应封装类	范围
byte	字节型	1	0	Byte	–128~127
short	短整型	2	0	Short	–32768~32767
int	整型	4	0	Integer	–2^31~2^31–1
long	长整型	8	0	Long	–2^63~2^63–1
float	浮点型	4	0.0f	Float	3.4e–45~1.4e38
double	双精度浮点型	8	0	Double	4.9e–324~1.8e308
char	字符型	2	\u0000	Character	
boolean	布尔型	1	false	Boolean	true false

在表1.1中可以看到，为了让基本数据类型能以对象的形式存在，Java除了提供基本数据类型，还提供了对应的封装类（如int的封装类为Integer）。在以后学到的集合等知识中，我们需要使用基本数据类型的封装类用于存储不同数据类型的集合。

整数运算主要包括如下运算符：

· 算术比较: <, >, <=, >=
· 算术相等比较: ==, !=
· +, -, *, /, %(取余)
· 自增/自减运算符: ++, --
· 移位运算符: 左移<<, 右移>>, 无符号右移>>>
· 位运算符：与（&），或（|），异或（^），非（~）

1.4.2.2　字符串

字符串由零个或多个字符组成，以双引号括起，String可以用于定义一个字符串，例如：

```
String studentName= "Zhang San";
```

String是一个类。字符串的连接运算符是+，例如：

```
String studentName= "Zhang"+"San";
```

则最终studentName变量的值是：ZhangSan。

1.4.2.3　字符

字符，用单引号括起，表示一个字符或者一个符号，例如：

'a'　'Z'　'@'

针对一些特殊符号，用转义字符表示，例如：

\t　表示水平制表符
\n　表示换行
\"　表示双引号
\'　表示单引号
\\　表示反斜线

我们通过如下一段代码来看一下基本数据类型的使用：

```
public class Cuboid {
```

```
    public static void main(String[] args) {
        double length, width, height; // 长方体的长、宽、高变量
        double volume; // 长方体的体积变量
        length = 2;
        width = 1.5;
        height = 20;
        volume = length*width*height; // 计算长方体的体积
        System.out.println(volume);
    }

}
```

1.4.3 表达式与运算

1.4.3.1 算术运算符

基本的算术运算符主要包括：

- 运算符：++ 和 --

  例如: i++; --j;
- 一元运算符：+ 和 -
- 加法运算符：+ 和 -
- 乘法运算符：*, /, 和 %

1.4.3.2 赋值运算符

赋值运算符是等号即=，简单的运算举例如下：

- i=2, j=i++, k=++i　　运行代码后，j的值是2，k的值是4，i的值是4
- i+=i-=i*i　　等效于i=i+(i=i-i*i)

· i=j=k=6　　　　　　i，j，k的值都是6
· i=(j=10)/(k=2)　　　i的值是5

1.4.3.3　关系运算符

关系表达式的运算结果是布尔值（true/false）。

· 算术比较运算符：<, <=, >, >=
· 类型比较运算符：instanceof

例如：cb instanceof Cuboid //判断cb是否是类Cuboid定义（实例化）的一个对象。

1.4.3.4　逻辑运算

· 与（&&）

对于A && B，如果表达式A和表达式B的值都为真，则A && B为真，否则为假。

· 或（||）

对于A || B，如果表达式A和表达式B的值都为假，则A || B为假，否则为真。

· 非（！）

对于！A，如果表达式A的值为假，则！A为真，否则为假。

1.4.3.5　条件运算符

条件运算的格式为：

A ? B : C

条件表达式的计算方式如下：

· 先计算表达式A。
· 如果A的值为真，则条件表达式的结果为B的值。
· 如果A的值为假，则条件表达式的结果为C的值。

例如：

```
int i;
int j=5, k=6;
i = j>k ? j:k;
```

因为j>k 为false，则i的值为k的值，即6。

1.4.4　数据类型转换

Java的表达式都有数据类型，若表达式的数据类型不恰当，会引发编译错误，有时Java会隐式对数据进行类型转换。任何类型（包括null类型）都可以转换为字符串类型。

例如，将字符‘s’转成字符串的方式之一如下：

```
String str = String.valueOf('s');
```

也可以通过强制转换，将一个表达式转换为指定的类型，例如：

```
(float)7
```

1.4.5　数组

数组由同一类型的一连串对象或者基本数据组成，数组是对象。数组的定义有两种方式：

1）DataType[] arrayName;

例如：

```
int[] intArray;
intArray = new int[9];
```

2）DataType arrayName[];

例如：

```
String strArray[];
strArray = new String[3];
```

或者：String strArray[] = new String[3];

也可以通过如下方式对数组进行定义并初始化:

```
int luckyNum[]={66, 88, 99, 666, 888, 999};
```

创建数组后，如果没有对数组进行初始化，则数组的各个元素会被赋予默认值。如果数组元素为基本类型数据（如int），则每个元素的默认值为0；如果数组元素为布尔类型数据，则每个元素的默认值为false；如果数组元素为String或对象，则每个元素的默认值为null。

如果数组名为luckyNum，则可以通过表达式luckyNum[index]引用数组的一个元素。数组元素的个数，可通过luckyNum.length获得。数组下标从零开始计数，数组下标最大值为数组的长度减一(luckyNum.length–1)，即：0 <= 数组下标 <= luckyNum.length–1。如果数组下标越界，程序运行时会产生异常：ArrayIndexOutOfBoundsException。

以下是数组的定义、赋值和遍历操作的代码示例：

```
int luckyNum[];          //声明数组
luckyNum = new int[9];//创建数组
luckyNum[0] = 66;        //数组元素赋值
// luckyNum[9]=100;      //将产生数组越界异常

//遍历数组
for(int i=0; i<luckyNum.length; i++){
      System.out.println(luckyNum[i]);
}
```

二维数组的声明：

```
int[ ][ ] intArrayTwo = new int[4][5] ;
```

则intArrayTwo是一个4行5列的二维数组。二维数组通过横纵坐标定位一个数组元素。例如，假设intArrayTwo的元素如下表所示：

1	2	3	4	5
6	7	8	9	10
11	12	13	14	
16	17	18	19	20

则intArrayTwo[1][2]的值为7。intArrayTwo.length的值是4，intArrayTwo[0].length的值是5，intArrayTwo[2].length的值是4。

也可以通过如下语句声明初始化一个二维数组：

```
int[][] intArrayTwo =
            {{ 1, 9, 4 },
             { 0, 2 },
             { 0, 1, 2, 3, 4 } };
```

第2章　类与对象

2.1　类与对象

面向对象编程，基本组成单位是类，类生成对象。

2.1.1　类

将属性及行为相同或相似的对象归为一类，并定义这些对象的共有属性和行为，形成类。例如，对于一群猴子，其中一个具体的猴子是一个猴子对象，找到这些猴子对象的共有属性和行为，则可以定义一个猴子类。

类的定义语法

[public] class 类名称 {

变量定义；

```
    方法定义；
}
```

定义一个猴子类的实例代码如下，猴子的属性包括种类、年龄等，猴子的行为包括跳等：

```
public class Monkey{

    //变量定义
    String species;
    int age;

    //方法定义
    public void jump(float distance){
        System.out.println("The monkey jumped:" +distance);
    }

}
```

2.1.2　对象

在Java程序中，对象都具有名字、属性和方法：

- 属性标识对象的特征。
- 方法标识对象的行为。

对象的声明

格式：类名 变量名;

例如：Monkey aMonkey;

此时，aMonkey是一个对象名，并没有实际的对象生成。

对象的创建

格式：new <类名>()

例如：aMonkey = new Monkey();

此时，生成了一个aMonkey对象，并将对象和它的名字关联起来（即返回对象的引用，相当于生成一个对象并将对象的内存地址返回）。

2.1.3　数据成员

2.1.3.1　变量的声明

变量的定义格式：

变量数据类型 变量名[=变量初值];

例如，声明一个表示圆环的类：

```
public class Ring {
    int r;
}
```

编写一个测试类RingExp：

```
public class RingExp {
    public static void main(String args[]) {
        Ring ringObj;
        ringObj = new Ring();          //实例化一个对象ringObj
        int y = ringObj.r;  //获取对象ringObj的半径值
        //打印对象ringObj的半径值
        System.out.println("The radius of a ring is"+y);
    }
}
```

2.1.3.2 静态变量/类变量

静态变量，声明时需加static修饰符，一个类中的静态变量，只存在一份，不管类的对象有多少个。

静态变量的适用情况：用到的一些常量值，需要共享的数据。

静态变量的引用格式：<类名 / 对象名>.<静态变量名>。

例如，定义一个圆面积类RoundArea，其中π的值定义为静态变量：

```
public class RoundArea {
    static double pi = 3.14;
    int r;
}
```

对RoundArea类进行测试：

```
public class RoundAreaExp {
    public static void main(String args[]) {
        System.out.println(RoundArea.pi);
        RoundArea rArea = new RoundArea();
        System.out.println(rArea.pi);

        rArea.pi = 3.1415926;
        System.out.println(rArea.pi);
        System.out.println(rArea.pi);
    }
}
```

运行结果：

```
3.14
3.14
3.1415926
3.1415926
```

2.1.3.3　过程化的数据存储 VS 面向对象的数据存储

例如：编写一个名片程序，存储姓名、公司、职位、邮箱、电话、公司地址信息。

1）采用过程化的程序设计方法存储两个人的名片信息：

```
public class BusinessCard{
    public static void main(String args[]) {
        String name1, name2;
        String company1, company2;
        String position1, position2;
        String email1, email2;
        String phone1, phone2;
        String address1, address2;

        name1= "Zhang San";
        company1 = "BLCU";
        position1 = "Prof";
        email1 = "aa@blcu.edu.cn";
        phone1 = "82301234";
        address1 = "Beijing";

        name2 = "Li Si";
        company2 = "CAS";
        position2 = "Researcher";
        email2 = "aa@cas.ac.cn";
        phone2 = "62305678";
        address2 = "Shanghai";
    }
}
```

2） 采用面向对象的程序设计方法：

```
//声明BusinessCard类
public class BusinessCard{
    String name;
    String company;
    String position;
    String email;
    String phone;
    String address;
    //方法成员略
}

public class BusinessCardTest{
    public static void main(String args[]) {
        BusinessCard businessCard1 = new BusinessCard();
        BusinessCard businessCard2 = new BusinessCard();

        businessCard1.name = "Zhang San";
        businessCard1.company= "BLCU";
        businessCard1.position = "Prof";
        businessCard1.email = "bj@blcu.edu.cn";
        businessCard1.phone = "010-82301234";
        businessCard1.address = "Beijing";

        businessCard2.name = "Li Si";
        businessCard2.company = "CAS";
        businessCard2.position = "Researcher";
        businessCard2.email = "sh@cas.ac.cn";
        businessCard2.phone = "021-62305678";
        businessCard2.address = "Shanghai";
```

```
            //...do something interesting
        }
    }
```

2.1.4　方法成员

方法，定义类的行为，表示一个对象能够做的事情。

2.1.4.1　方法的定义

方法定义的格式如下：

```
返回数据类型 方法名([参数列表]) {
  方法体
}
```

方法的调用格式：

<对象名>.<方法名>（[参数列表]）

例如，定义一个求矩形面积的类RectangleArea，其中包含求面积的方法computeArea()：

```
public class RectangleArea {
    float width;
    float length;
    public float computeArea() {
        return width * length;
    }
}

public class RectangleAreaExp {
    public static void main(String args[]) {
```

```
        RectangleArea rtArea = new RectangleArea ();
        rtArea.width = 10;
        rtArea.length = 5;
        System.out.println("Rectangle's area is" + rtArea.computeArea());
    }
}
```

2.1.4.2 静态方法/类方法

静态方法，声明时方法名前面需加static修饰符，静态方法不能被声明为抽象的。静态方法可以在不建立对象的情况下用类名直接调用，也可以用对象调用。

静态方法的调用格式：

<类名 / 对象名>.<方法名>（[参数列表]）

例如，声明一个英尺转换成米的类MeterConverter，其中inchToMeter是静态方法：

```
public class MeterConverter {
    public static float inchToMeter(float inch){
        return (inch * 0.3048);
    }
}
```

inchToMeter方法的调用：

```
1） public class MeterConverter Test {
        MeterConverter.inchToMeter(5);
    }
```

或者：

```
2） public class MeterConverterTest {
        MeterConverterTest iToM = new MeterConverterTest();
        iToM.inchToMeter(5);
```

```
    }
```

2.1.5 包package

包package，将相关的源代码文件组织在一起，可以包含若干个类文件，还可包含若干个包。Java中包名使用小写字母表示。包名就是对应的文件夹名（或目录名）。

例如，声明一个类WeightConverter，包含在包converter中：

```
package converter;
public class WeightConverter {
    …
}
```

则WeightConverter.java文件，在文件夹converter中可以找到，converter文件夹默认包含在Eclipse的workspace文件夹下。

也可以通过import语句将包中的类引入到另一个类中，例如：

```
import converter.*;
public class TemperatureConverter {
    …
}
```

表示将converter包中的所有类引入到TemperatureConverter类中。

2.1.6 类的访问控制

类的访问控制有两种：public和无修饰，两种访问权限范围如表2.1所示。

表2.1　类的访问权限

类	无修饰	public
同一个包中的类	可以相互访问	可以相互访问
不同包中的类	不可以相互访问	可以相互访问

属性及方法的访问控制修饰符有：

- public（公有），可被其它任何类或对象访问。
- protected（保护），只可被同一个包（package）中的类访问，其子类也可访问。
- private（私有），只可被其所在类本身访问，其它类访问会报错。
- 无修饰符，只可被同一个包内的类访问。

例如，将求矩形面积的类RectangleArea中的变量改成private：

```
public class RectangleArea {
    private float width;
    private float length;
    public float computeArea() {
        return width * length;
    }
}
```

测试代码如下：

```
public class RectangleAreaExp {
    public static void main(String args[]) {
        RectangleArea rtArea = new RectangleArea ();
        rtArea.width = 10;  //会报错
        rtArea.length = 5;  //会报错
        System.out.println("Rectangle area is:" + rtArea.computeArea());
    }
}
```

在编译上面代码时，语句rtArea.width = 10; rtArea.length = 5; 会提示存在语法错误："width has private access in RectangleArea"，"length has private access in RectangleArea”，因为在RectangleArea类中，变量width和length被声明为private，因此在其它类中不能直接对width和length进行访问。

如要允许其它类访问width和length的值，则需要在RectangleArea类中定义对应的公有方法。通常用set及get方法设定和获取私有属性值。

例如，为RectangleArea类增加set和get方法：

```
public class RectangleArea {
    private float kuan;
    private float chang;

    public void setKuan (float width){
        kuan = width;
    }
    public void setLen (float length){
        chang = length;
    }
    public float getKuan (){
        return kuan;
    }
    public float getChang (){
        return chang;
    }

    public float computeArea() {
        return kuan * chang;
    }
}
```

2.1.7 关键字this的应用

一个类的方法的参数名与属性变量名相同时，需要在类的属性变量名前加this关键字，以区分属性变量和方法的参数。

例如：

```
public class RectangleArea {
    float kuan;
    public void setKuan (float kuan){
        this.kuan = kuan;
    }
        …
}
```

以上代码中this.kuan的kuan代表类RectangleArea类中的属性变量kuan，等号后面的kuan代表setKuan方法的参数。

2.2 构造方法

构造方法是和类同名且没有返回类型的方法，用于初始化对象，构造方法通常被定义为公有的（public）。在用类生成（实例化）一个新的对象时，会自动调用该类相应的构造方法初始化新生成的对象。

2.2.1 默认构造方法

如果类没有定义构造方法，Java提供默认的无参数的构造方法，默认的构造方法的方法体为空。如果使用默认的构造方法为对象进行初始化，因为其方法体为空，既没有对属性变量进行赋值等操作，因而新生成的对象的属性变量会依据其自身数据类型的不同而被初始化为零或空。

例如，CustomerInfo类没有定义构造方法，则Java会调用默认的构造方法来初始化对象，示例代码如下：

```
public class CustomerInfo{
    String customerID;
    String customerName;
    String email;
}

public class CustomerInfoExp{
    public static void main(String args[]){
        //创建一个对象，用默认的无参构造方法
        CustomerInfo newCustomer = new CustomerInfo();
        System.out.println("Customer's ID is: " + newCustomer.customerID);
        System.out.println("Customer's Name is: " + newCustomer.
        customerName);
        System.out.println("Customer's email is: " + newCustomer.email);
    }
}
```

2.2.2 自定义构造方法

在生成对象时可通过自定义构造方法为对象的属性赋值，给对象初始化。

方法重载，指在一个类中可以定义多个名字相同但参数不同的方法。对于名字相同的方法，Java可通过方法的参数不同，来区别调用不同的方法。

例如，为CustomerInfo增加三个参数的构造方法：

```
public class CustomerInfo{
    String customerID;
    String customerName;
    String email;

    // 三个参数的构造方法
    public CustomerInfo (String initID, String initName, String initEmail){
        customerID = initID;
        customerName = initName;
        email = initEmail;
    }
}

public class CustomerInfoEg{
    public static void main(String args[]){
        //创建一个对象，并通过带有三个参数的构造方法进行初始化
        CustomerInfo newCus = new CustomerInfo("10008","bon","bon@
        j.com");
        System.out.println("Customer's ID is: " + newCus.customerID);
        System.out.println("Customer's Name is: " + newCus.customerName);
        System.out.println("Customer's email is: " + newCus.email);
    }
```

```
}
```

需要注意的是，如果为类自定义了构造方法，则Java不再默认提供无参数的构造方法。例如，针对于类CustomerInfoEg，如果写：

```
CustomerInfo newCus = new CustomerInfo();
```

该语句就会报错，因为Java找不到无参数的构造方法。

所以，如果要给类自定义构造方法，好的习惯是，要同时也定义一个无参数的构造方法。即：

```
public class CustomerInfo{
    String customerID;
    String customerName;
    String email;
    // 无参数的构造方法
    public CustomerInfo (){

    }
    // 三个参数的构造方法
    public CustomerInfo (String initID, String initName, String initEmail){
        customerID = initID;
        customerName = initName;
        email = initEmail;
    }
}
```

2.2.3　this与构造方法

this可以用于在一个构造方法中调用另外一个构造方法，通常用this在参数个数比较少的构造方法中调用参数个数多的构造方法。

例如，在类VIPCustomers类中，在无参数和两个参数的构造方法中，可以使用this关键字调用三个参数的构造方法，使代码更简洁：

```
public class VIPCustomers{
    String customerName;
    int customerID;
    int shoppingPoints;

    public VIPCustomers () {
        this("", 888888, 0);
    }
    public VIPCustomers (String initName, int initID) {
        this(initName, initID, 0);
    }
    public VIPCustomers (String initName, int initID, int initPoints) {
        customerName = initName;
        customerID = initID;
        shoppingPoints = initPoints;
    }
}
```

2.3 应用举例

编程要求：设计一个购物商城VIP帐户类VIPCustomers，实现对VIP用户及购物积分的管理。

```
public class VIPCustomers {
    String customerName;
```

```
int customerID;
int shoppingPoints;
//    无参构造方法
public VIPCustomers () {
    this("", 888888, 0);
}

public VIPCustomers (String initName, int initID) {
    this(initName, initID, 0);
}

public VIPCustomers (String initName, int initID, int initPoints) {
    customerName = initName;
    customerID = initID;
    shoppingPoints = initPoints;
}

// get方法
public String getCustomerName () {
    return customerName;
}

public int getCustomerID() {
    return customerID;
}

public int getShoppingPoints() {
    return shoppingPoints;
}
```

```
    // set方法
    public void setCustomerName(String cusName) {
        customerName = cusName;
    }

    public void setCustomerID(int cusID) {
        customerID = cusID;
    }

    public void setPoints(int spPoints) {
        shoppingPoints = spPoints;
    }

    // 增加积分
    public int addPoints(int aPoint) {
        shoppingPoints += aPoint;
        return (shoppingPoints);
    }

    // 减少积分
    public int reducePoints(int rPoint) {
        shoppingPoints -= rPoint;
        return (shoppingPoints);
    }
}
public class VIPCustomersEg {
    public static void main(String args[]) {
        VIPCustomers aVipAccount;
        aVipAccount = new VIPCustomers("ZhangSan", 6666, 0);
        // 增加积分
```

```
            aVipAccount.addPoints(aVipAccount.getShoppingPoints() + 100);
            System.out.println(aVipAccount.getCustomerName() + " with
            Shopping Points "+ aVipAccount.getShoppingPoints());
            //减少积分
            aVipAccount.reducePoints(50);
            System.out.println(aVipAccount.getCustomerName() + " with
            ShoppingPoints " + aVipAccount.getShoppingPoints());
        }
    }
```

运行VIPCustomersEg程序，获得如下结果:

```
ZhangSan with ShoppingPoints 100
ZhangSan with ShoppingPoints 50
```

2.4 main方法

在前面我们的测试类（如：VIPCustomersEg）中，都定义了main方法，因为main方法是Java程序执行的起始点，而且必须按照如下的格式来定义。没有main方法的类可以编译，但不能执行，因为它没有执行起始点。

```
public static void main(String[] args){


}
```

public关键字，声明主方法为公有的，允许其他的类可以访问主函数。

static关键字，声明main方法是静态方法，表示不需要创建对象就可以调用main方法。因为Java虚拟机将首先调用main()方法，所以main()方法不应依赖于要创建的任何对象，必须声明为static，可以直接执行。

void关键字，声明执行主方法时，不返回任何值。

main()方法的圆括号()内包含的变量是传递给该方法的参数，即使main方法通常不需要参数，仍必须具有圆括号。String args[]是main方法的一个参数，args是字符串数组。main()方法的一对花括号{}为方法体，要在main方法中执行的语句需要写在此花括号中。

第3章　类的流程控制和异常

3.1　程序执行的流程控制

Java控制程序执行流程的语句有：if、switch、for循环、while循环、do-while循环。

3.1.1　if判断流程控制

使用if进行流程控制的语句形式包括:

· 只有if语句：

```
if (判断语句) {

}
```

· if-else语句：

```
if (判断语句) {

} else {

}
```

· if-else语句的特殊形式：

```
if (判断语句) {

} else if (判断语句) {

} else if (判断语句) {

}
…
else {

}
```

例如，通过if-else语句来判断一个数字是否为奇数的代码如下：

```
import java.io.BufferedReader;
import java.io.IOException;
import java.io.InputStreamReader;

public class OddNumJudgement{
        public static void main(String[] args) throws IOException {
                int randomInNumber;
                boolean oddNumFlag;
                System.out.println("请输入一个数字:");
                BufferedReader keyboardIn = new BufferedReader(new
```

```
                InputStreamReader (System.in));
                // 打开键盘输入流，读取从键盘输入的数字
                randomInNumber = Integer.parseInt(keyboardIn.readLine());

                oddNumFlag = (randomInNumber % 2 == 0);
                if (!oddNumFlag) {
                    System.out.print(randomInNumber);
                    System.out.println("是一个奇数");
                } else {
                    System.out.print(randomInNumber);
                    System.out.println("不是一个奇数");
                }
            }
        }
```

运行OddNumJudgement程序，并从键盘输入7，获得如下结果：

```
请输入一个数字:
7
7 是一个奇数
```

3.1.2 switch判断选择流程控制

switch是通过多分支的判断选择进行流程控制，switch的语法结构如下所示：

```
switch (表达式) {
    case 值1:   执行语句1; break;
    case 值2:   执行语句2; break;
    ...
```

```
    case 值N:    执行语句N; break;
    default:     默认的执行语句; break;
}
```

说明：

- 表达式的值，及值1…值N，必须都是整型数据或字符型数据。
- 如果表达式的值和某个case后面的值相同，则执行该case之后的语句，直到break语句停止。
- default语句可以有也可没有，如果表达式的值和case后面的值都不相等，则执行default之后对应的语句。

例如，通过身份证的前两位或前三位来判断地区的代码如下：

```
import java.util.Scanner;

public class IDZone {

public String idToZone(int idTwoDigits) {
    String zone;
    switch (idTwoDigits) {
    case 23:
        zone = "黑龙江";
        break;
    case 11:
    case 110:
        zone = "北京";
        break;
    case 13:
        zone = "河北";
        break;
    case 32:
        zone = "江苏";
```

```
            break;
        default:
            zone = "未找到对应的区域";
        }
        return (zone);
    }

    public static void main(String[] args) {
        IDZone iToZ = new IDZone();
        System.out.println("请输入身份证的前两位数或前三位数: ");
        Scanner keyboardIn = new Scanner(System.in);
        int inputID = keyboardIn.nextInt();
        System.out.println("身份证号 " + inputID + " 所属区域是：" +
        iToZ.idToZone(inputID));
        keyboardIn.close();
    }

}
```

运行IDZone程序，并输入11，获得如下结果：

```
请输入身份证的前两位数或前三位数:
11
身份证号 11 所属区域是：北京
```

3.1.3　for循环

for循环语句的格式如下所示：

```
for (起始表达式; 判断表达式; 修改循环变量表达式) {
    //循环语句
```

}

说明：

· 起始表达式，对循环变量进行初始化。

· 判断表达式，判断循环是否继续。

· 修改循环变量表达式，修改循环变量，进入下一次循环。

例如，计算从键盘输入的正整数的阶乘的计算代码如下：

```
import java.util.Scanner;

public class FactorialCompute {

    public static void main(String[] args) {
        int factorial = 1;
        System.out.println("请输入一个正整数: ");
        Scanner keyboardIn = new Scanner(System.in);
        int inData = keyboardIn.nextInt();

        for (int f = 1; f <= inData; f++) {
            factorial = factorial * f;
        }
        System.out.println(inData + " 的阶乘是： "+factorial);
        keyboardIn.close();
    }

}
```

运行FactorialCompute程序，并输入5，获得如下结果：

```
请输入一个正整数:
5
5 的阶乘是：120
```

3.1.4　while循环

while循环语句语法格式如下：

```
while (判断表达式) {
    // 循环体;
}
```

说明：

· 判断表达式的返回值为布尔型。

· 判断表达式的值为真，则执行循环体。

· 每次循环执行完后，都再计算判断表达式，当判断表达式的值为真，则继续执行循环，若为假，则不执行循环体。

例如，让用户端输入数字，直到输入10，停止循环的代码如下：

```
import java.io.IOException;
import java.util.Scanner;

public class WhileEg {

    public static void main(String[] args) throws IOException {
        int keyboardIn = 0;
        Scanner inputData = new Scanner(System.in);
        while (keyboardIn != 10) {
            System.out.println("Please enter a number:");
            keyboardIn = inputData.nextInt();
            System.out.println("The number you entered is: " + keyboardIn);
        }
        inputData.close();
    }
}
```

运行WhileEg程序，分别输入1和10，获得如下结果：

```
Please enter a number:
1
The number you entered is: 1
Please enter a number:
10
The number you entered is: 10
```

3.1.5 do while循环

do-while循环语句的语法如下：

```
do {
    // 循环体;
} while (判断表达式);
```

说明：

- do while语句，首先执行一遍循环体，然后计算判断表达式的值，若为真，则再次运行循环体，若为假，则结束循环。
- 特点：do while的循环体至少要执行一次。

  例如，通过do while 实现从1加到99的代码如下：

```
public class DoPlusEg {

    public static void main(String[] args) {
        int sum = 0, plus = 1;
        do {
            sum += plus;
            plus++;
        } while (plus <= 99);
        System.out.println("The sum of adding from 1 to 99 is: " + sum);
```

```
        }
    }
```

运行DoPlusEg程序，获得如下结果：

```
The sum of adding from 1 to 99 is: 4950
```

3.1.6　break语句

break语句，在循环中，用于终止循环，不再执行剩余部分；也可用在代码块中，用于跳出指定的代码块。在for、while、do while循环结构中，用于终止break语句所在的最内层循环。

例如，for循环在数字等于7的时候终止的代码如下：

```
public class ZhongduanEg {
    public static void main(String[] args) {
        String loopBreak = "";
        int j;
        for (j = 1; j <= 99; j++) {
            if (j == 7) break;
            // break loop only if count == 7
            loopBreak += j + " ";
        }
        loopBreak += "\nloop break at " + j;
        System.out.println(loopBreak);
    }
}
```

运行ZhongduanEg程序，获得如下结果：

```
1 2 3 4 5 6
loop break at 7
```

用break实现的乘法表代码如下：

```
public class SmallNineNine {
    public static void main(String[] args) {
        for (int row = 1; row <= 9; row++) {
            for (int col = 1; col <= 9; col++) {
                if (col > row)
                    break;
                System.out.print("  " + row + "*" + col + "=" + row * col);
            }
            System.out.println();
        }
    }
}
```

3.1.7 continue语句

continue语句，在循环中，用于停止（跳过）本次循环，开始下一次循环。

例如，for循环跳过数字7的代码如下：

```
public class TiaoGuoEg {

    public static void main(String[] args) {
        String continueLoop = "";
        int j;
        int jump = 0;
        for (j = 1; j <= 9; j++) {
            if (j == 7) {
                jump = j;
```

```
                continue;
            }
            // skip loop only if count == 7
            continueLoop += j + " ";
        }
        continueLoop += "\nskip loop at " + jump;
        System.out.println(continueLoop);
    }
}
```

运行TiaoGuoEg程序，获得如下结果：

```
1 2 3 4 5 6 8 9
skip loop at 7
```

3.2 异常处理

在程序编写时，产生错误是不可避免的，Java的错误分为：

- Error：程序无法预先捕获并处理，较严重的错误。
- Exception：程序可以预先捕获并处理一些异常，不严重的错误。

处理异常的方法包括：throws（抛出异常），catch（捕获异常）。

异常分为“非检查性异常”和“检查性异常”，比如：

- ArithmeticException，若除数为0，会报该异常，非检查性异常，无法预先捕获处理。
- FileNotFoundException，若访问的文件不存在，会报该异常，检查性异常，可捕获处理。
- IOException，输入输出Input/Output异常，检查性异常，可捕获处理。

对于非检查型异常，产生异常时，Java会终止程序的运行，并抛出异常信息。例如，用数组输出问候语：

```
public class WenHou {

    public static void main(String[] args) {
        int pos = 0;
        String sayHi[] = { "您好", "Bonjour", "Hello", "你好" };
        while (pos < 5) {
            System.out.println(sayHi[pos]);
            pos++;
        }
    }
}
```

运行上面WenHou的代码，会产生如下结果和数组越界的报错信息，当程序运行到数组的下标为4，即sayHi[4]时，数组产生越界，程序终止并报错：

```
您好
Bonjour
Hello
你好
Exception in thread “main” java.lang.ArrayIndexOutOfBoundsException:
Index 4 out of bounds for length 4
    at WenHou.main(WenHou.java:9)
```

针对“检查型异常”，程序必须采用如下的一种方法处理：

- throws，抛出异常。

  如果有调用抛出异常的方法，则调用方法处理抛出的异常，如果调用方法也抛出异常，则在产生异常时，由Java虚拟机捕获它，报出异常信息，并终止程序。

- catch，捕获异常。

  语法如下：

  ```
  try {
  ```

```
        // 可能产生Exception的程序代码
    } catch (异常类型) {
        // Exception处理的程序代码
    } finally {
        // 程序代码
    }
```

无论程序的运行是否产生异常，finally里的程序代码都会被执行，finally不是必须要有的。

例如，从键盘输入两个数并求商的代码如下：

```
import java.util.Scanner;
public class ChuFa {

    public static void main(String[] args) {
        int beichushu = 0, chushu = 0;
        int quotient;
        Scanner inputData = new Scanner(System.in);
        System.out.println("Please enter the dividend:");
        beichushu = inputData.nextInt();
        System.out.println("Please enter the divisor:");
        chushu = inputData.nextInt();

        System.out.println(beichushu + " / " + chushu + "=");
        quotient = beichushu / chushu;
        System.out.println(quotient);
        inputData.close();
    }
}
```

运行上面的ChuFa程序代码，并将除数输入为0，会产生如下的结果和异常信息：

```
Please enter the dividend:
```

```
66
Please enter the divisor:
0
66 / 0=
Exception in thread “main” java.lang.ArithmeticException: / by zero
    at ChuFa.main(ChuFa.java:17)
```

通过如下的代码可以实现，如果用户输入数据类型不对，会要求用户重复输入数据，直到输入合法的整型数据为止：

```
import java.util.Scanner;

public class InputControl {

    public static void main(String[] args) {
        boolean proper = false;
        int intData = 0;
        Scanner KeyboardIn = new Scanner(System.in);
        String inputData;

        while (!proper) {
            try {
                System.out.println("请输入整型数据");
                inputData = KeyboardIn.nextLine();
                intData = Integer.valueOf(inputData).intValue();
                proper = true;
            } catch (Exception e) {
                System.out.println("输入数据类型错误，请输入整型数据!");
            }
        }
        System.out.println("The entered number is " + intData);
```

```
        KeyboardIn.close();
    }
}
```

运行InputControl程序，输入数据，获得如下结果：

```
请输入整型数据
a
输入数据类型错误，请输入整型数据!
请输入整型数据
6
The entered number is 6
```

3.3　方法的重载

方法重载（Overloading）是指，在Java的一个类中，可以存在多个名字相同但参数不同的方法。对于名字相同的方法，Java 可通过参数的不同来区分调用对应的方法。方法的参数不同是指：参数个数不同，或参数类型不同。

例如，如下代码对加法sumOverloading进行了方法重载：

```
import java.util.Scanner;

public class ChongZai {

    public static int sumOverloading(int a, int b) {
        return a + b;
    }
```

```
public static double sumOverloading(int c, double d) {
    return c + d;
}

public static int sumOverloading(int e, int f, int g) {
    return e + f + g;
}

public static void main(String[] args) {
    Scanner KeyboardIn = new Scanner(System.in);
    System.out.println("请输入两个整形数据: ");
    int intA = KeyboardIn.nextInt();
    int intB = KeyboardIn.nextInt();
    System.out.println("两个整型数据的和是：" +
    sumOverloading(intA, intB));

    System.out.println("请输入一个整形数据和一个带小数点的数
    据: ");
    int intC = KeyboardIn.nextInt();
    double doubleD = KeyboardIn.nextDouble();
    System.out.println("两个数相加的和是：" + sumOverloading(intC,
    doubleD));

    System.out.println("请输入三个整形数据: ");
    int intE = KeyboardIn.nextInt();
    int intF = KeyboardIn.nextInt();
    int intG = KeyboardIn.nextInt();
    System.out.println("三个整型数据的和是:" + sumOverloading(intE,
    intF, intG));
```

```
        KeyboardIn.close();
    }
}
```

运行ChongZai程序代码，并按照提示输入数据后，获得如下结果：

请输入两个整形数据:

3　6

两个整型数据的和是：9

请输入一个整形数据和一个带小数点的数据:

3　6.8

两个数相加的和是：9.8

请输入三个整形数据:

3　6　9

三个整型数据的和是:18

第4章　类的继承和抽象类

4.1　类的继承（extends）

4.1.1　继承的概念

继承（extends）是指，Java可以定义父类（base class）与子类（derived class）关系，子类会拥有父类的属性变量和方法。除了继承自父类的变量和方法，子类可以增加定义自己的变量和方法。如果认为父类的方法不能满足需求，子类可以覆盖（override）父类的方法，即定义与父类方法头一模一样但方法体不一样的方法。继承机制可以提高代码的可重用性。子类只能有一个直接父类，即单继承。

继承的语法如下：

class Child extends Parent{

```
}
```

例如，父类是Personne，子类是Etudiant，Etudiant继承了父类Personne的属性和方法：

```
public class Personne {
    String perName;
    String perID;
    float perHeight;

    public void manger() {
        System.out.println("Manger des ananas");
    }
}

public class Etudiant extends Personne {
    String etuID; // 学号
    String etuMajor; // 专业

    public Etudiant(String perName, String perID, float perHeight, String
    etuID, String etuMajor) {
        // 继承了父类的属性
        this.perName = perName;
        this.perID = perID;
        this.perHeight = perHeight;
        this.etuID = etuID;
        this.etuMajor = etuMajor;
    }

    public void apprendre() {
        System.out.println("努力学习");
```

```
    }

    public static void main(String args[]) {
        Etudiant stu = new Etudiant("Zhang San", "110108", 1.8f, "cs230001",
        "computer science");
        System.out.println("Student's name is: "+ stu.perName);
        // 继承了父类的方法
        stu.manger();
        stu.apprendre();
    }
}
```

运行程序，输出如下结果：

```
Student's name is: Zhang San
Manger des ananas
努力学习
```

需要注意的是，子类不能直接访问父类中定义的私有（private）属性及方法。

4.1.2 继承的隐藏和覆盖

4.1.2.1 变量的隐藏

子类可以定义与父类的变量名一样但数据类型不一样的变量，则父类的变量被隐藏。例如：

```
class Father {
    int etuID;
}
```

```
class Child extends Father {
    String etuID;
}
```

上面代码中，Child子类拥有两个名字一样的变量etuID，从父类Father继承的变量etuID被隐藏。子类自己定义的方法，会默认调用子类自己定义的etuID，可以在子类中使用“super.变量名”（如：super.etuID）来调用父类中被隐藏的变量。

例如，如下代码可以实现对父类变量的调用：

```
public class FatherEtu {
    int etuID = 1101082023;

    public void setEtuID(int etuID) {
        this.etuID = etuID;
    }

    void outEtuID() {
        System.out.println("the ID of edudiant is: " + etuID);
    }
}

public class ChildEtu extends FatherEtu {
    int etuID = 1101082024;

    void outEtuIDInfo() {
        System.out.println("father's etuID = " + super.etuID + " child's
        etuID = " + etuID);
    }
```

```
        public static void main(String[] args) {
            ChildEtu etuObj = new ChildEtu();
            etuObj.outEtuIDInfo();
        }
    }
```

运行ChildEtu程序代码，获得如下结果：

```
    father's etuID = 1101082023 child's etuID = 1101082024
```

4.1.2.2　方法的覆盖

子类方法与父类方法的返回类型、方法名、参数个数及类型都相同，则实现了子类方法对父类方法的覆盖。子类中的覆盖方法的访问权限不能比父类中的被覆盖方法更严格（例如：父类被覆盖方法为public，则子类覆盖方法不能为protected，只能为public）。可以在子类中使用“super.方法名”来调用父类的被覆盖的方法。

需要注意的是：父类中声明为final或static的方法，不能被覆盖。子类必须覆盖父类中的抽象方法，否则子类也需要是抽象类。子类不能从父类继承构造方法，但可以通过super([参数])调用父类的构造方法，super([参数])必须在子类构造方法的第一行。

例如，如下代码，构建了JuXing是父类，ZhengFangXing是子类的继承关系，父类的mianJi方法被子类覆盖：

```
    public class JuXing {

        double kuan, gao;

        JuXing() {
            kuan = 0;
```

```
        gao = 0;
    }

    JuXing(double kuan, double gao) {
        this.kuan = kuan;
        this.gao = gao;
    }

    double mianJi() {
        return kuan * gao;
    }
}

public class ZhengFangXing extends JuXing {

    double lengthOfSide;

    ZhengFangXing() {
        lengthOfSide = 0;
    }

    ZhengFangXing(double lengthOfSide) {
        // 调用父类的构造方法
        super(6.0, 8.0);
        this.lengthOfSide = lengthOfSide;
    }

    double mianJi() {
        // 调用父类的计算面积的方法
        System.out.println("The rectangle area is: " + super.mianJi());
```

```
        return lengthOfSide * lengthOfSide;
    }

    public static void main(String[] args) {
        ZhengFangXing zfx = new ZhengFangXing(8);
        System.out.println("The square area is: " + zfx.mianJi());
    }
}
```

运行代码，会得到如下结果：

```
The rectangle area is: 50.019999999999996
The square area is: 49.0
```

4.2　Object类

Object类，是Java所有类的父类，处在类层次最高点。Object类定义了所有Java类必须有的公共属性和方法。比如：假设有一个对象icecream，通过icecream. getClass()可以获取icecream所属的类的信息。

两个对象在比较时，我们看一下**equals**（相等）与==（同一）的区别。例如：

```
public class Voitures {

    int seatNumber;
    String windowNumber;

    void setSeatNumber(int seatNumber) {
        this.seatNumber = seatNumber;
```

```
}

void setWindowNumber(String windowNumber) {
    this.windowNumber = windowNumber;
}

int getSeatNumber() {
    return seatNumber;
}

String getWindowNumber() {
    return windowNumber;
}

public static void main(String[] args) {

    Voitures tesla = new Voitures();
    tesla.setSeatNumber(5);
    tesla.setWindowNumber("4");
    Voitures benz = new Voitures();
    benz.setSeatNumber(5);
    benz.setWindowNumber("4");
    Voitures mercedes = benz;
    // 用==判断两个对象是否为同一个对象
    if (tesla == benz)
        System.out.println("tesla and benz are identical");
    else
        System.out.println("tesla and benz are not identical");
    // 用equals方法判断两个对象是否相等
    if (tesla.equals(benz))
```

```
                System.out.println("tesla and benz are equivalent");
            else
                System.out.println("tesla and benz are not equivalent");

            if (mercedes == benz)
                System.out.println("mercedes and benz are identical");
            else
                System.out.println("mercedes and benz are not identical");
        }
    }
```

运行上面的Voitures代码，将得到如下结果：

```
tesla and benz are not identical
tesla and benz are not equivalent
mercedes and benz are identical
```

上面的运行结果显示：tesla和benz不相等，benz和mercedes是同一个对象。

从上面的运行结果可以看出，从Object类的默认equals方法等价于==，因此实际应用中如果想调用默认的equals方法判断两个对象的内容是否相等，需要覆盖重写equals方法。String类中的equals方法，可以直接用来判别两个字符串内容是否相同。覆盖重写equals方法示例代码如下：

```
public class Voitures2 {

    int seatNumber;
    String windowNumber;

    void setSeatNumber(int seatNumber) {
        this.seatNumber = seatNumber;
    }

    void setWindowNumber(String windowNumber) {
```

```
        this.windowNumber = windowNumber;
    }

    int getSeatNumber() {
        return seatNumber;
    }

    String getWindowNumber() {
        return windowNumber;
    }

    // 重写equals方法，用于判断两个对象的属性值是否相等
    public boolean equals(Object automobile) {
        if (automobile instanceof Voitures) {
            Voitures vehicle = (Voitures) automobile;
            // 通过==来判断两个整型数据是否相等
            // 通过字符串的equals方法，来判断两个字符串内容是否
            // 相同
            return ((seatNumber == vehicle.getSeatNumber()) &&
            windowNumber.equals(vehicle.getWindowNumber()));
        }
        return false;
    }

    public static void main(String[] args) {

        Voitures tesla = new Voitures();
        tesla.setSeatNumber(5);
        tesla.setWindowNumber("4");
        Voitures benz = new Voitures();
```

```
        benz.setSeatNumber(5);
        benz.setWindowNumber("4");
        Voitures mercedes = benz;
        // 用==判断两个对象是否为同一个对象
        if (tesla == benz)
            System.out.println("tesla and benz are identical");
        else
            System.out.println("tesla and benz are not identical");
        // 用equals方法判断两个对象是否相等
        if (tesla.equals(benz))
            System.out.println("tesla and benz are equivalent");
        else
            System.out.println("tesla and benz are not equivalent");

        if (mercedes == benz)
            System.out.println("mercedes and benz are identical");
        else
            System.out.println("mercedes and benz are not identical");


    }

}
```

运行上面的Voitures2代码，则获得如下结果：

```
tesla and benz are not identical
tesla and benz are equivalent
mercedes and benz are identical
```

上面的运行结果可以看出，对象tesla和对象benz相等，mercedes和benz是同一个对象。

4.3 终结（final）类与终结方法

终结类和终结方法，是指被final修饰的类和方法。final修饰的类不允许拥有子类，final修饰的方法不允许在子类中被覆盖。

终结类的定义举例如下：

```
final class Automobile{

}

class Bus extends Automobile{

}
```

Automobile是终结类不能被继承，Bus类在编译时会报错。

终结方法的定义举例如下：

```
class Bus{
    final int windows(){
        return 4;
    }
}

class SmallBus extends Bus{
    //父类中的windows是终结方法，不允许重写，会报错
    int windows(){
        return 2;
    }
}
```

4.4　抽象（abstract）类

抽象类，是用abstract修饰的类。抽象类举例如下：

```
abstract class Train {


}
```

抽象方法，是用abstract关键字修饰定义的方法，abstract方法只有方法头，没有方法体，即没有{}部分。abstract方法，举例如下：

```
public abstract int trainWheels (int tw);
```

抽象类没有实例对象，不能使用new方法创建对象。例如：

```
new Train();
```

将引发编译器报错。

抽象类可以包含变量、非抽象方法、抽象方法。抽象类可用于在类的较高层级定义它的子类的公共变量和公共方法。抽象方法预先规定了子类必须要实现的方法。

```
public abstract class Train {
    double speed;
    int wheelNumber;
    // 定义普通方法
    public void setWheels(int wn) {
        wheelNumber = wn;
    }
    // 定义抽象方法
    public abstract void drive(double speed);


}


public class HighSpeedTrain extends Train {
```

```
        @Override
        public void drive(double speed) {

        }
}
```

上面的代码定义了抽象类Train，抽象类Train中包含普通方法setWheels(int wn)和抽象方法drive(double speed)。HighSpeedTrain是Train的子类，子类HighSpeedTrain需要重写父类Train中的抽象方法drive(double speed)。

4.5 类的组合

现实当中，事物可以由其他事物组成。类的组合，是指类也可以包含其他类作为组成部分。我们通过类的组合定义一个Bus类：

```
public class Wheel {
        double size = 0.0;
        String pos;

        public void rollForward() {
                System.out.println("The wheel is rolling forward");
        }
        public void rollBack() {
                System.out.println("The wheel is rolling back");
        }
}
```

```
public class Door {
    String position;
    public void open(){
        System.out.println("The door is opened");
    }
    public void close(){
        System.out.println("The door is closed");
    }
}

public class Window {
    public void up() {
        System.out.println("The window is rolling up");
    }

    public void down() {
        System.out.println("The window is rolling down");
    }
}

public class Bus {

    Wheel leftFrontWheel = new Wheel();
    Wheel righFronttWheel = new Wheel();
    Door leftDoor = new Door();
    Door rightDoor = new Door();
    //定义对象数组
    Window windows[] = new Window[10];
    //构造方法
    Bus() {
```

```
            for(int i=0; i<10; i++) {
                windows[i] = new Window();
            }
        }

        public static void main(String[] args){
            Bus bus = new Bus();
            bus.leftFrontWheel.size = 30.0;
            bus.leftFrontWheel.rollForward();
            bus.leftDoor.open();
            bus.windows[0].up();
        }
    }
```

上面的程序，定义了Wheel类、Door类、Window 类、Bus类，Bus类是由Wheel类、Door类、和Window类组成的。运行Bus类，将得到如下结果：

```
The wheel is rolling forward
The door is opened
The window is rolling up
```

4.6　包的应用

Java提供包（package）来管理类名空间，解决了类名冲突问题。包是类的集合，用来分类管理类，可实现类的共享、复用、及访问权限控制。例如，Window类，放在包book下：

```
package book;
```

```
public class Window {
    public void up() {
        System.out.println("The window is rolling up");
    }

    public void down() {
        System.out.println("The window is rolling down");
    }
}
```

包名在存储磁盘上对应于一个文件夹/目录，例如包book，在磁盘上有对应的目录 .../eclipse-workspace/book，而Window.java这个类的源文件，则存储在book目录下。通常把有关联的或有类似功能的类（例如，都用于与数据库进行交互的类放在包db下）放在一个包里。

4.6.1　Java基础类库

Java默认提供了很多常用的类，分类放在java.math，java.sql等包中。针对Java已有的一些基础类，应用举例如下：

```
package book;

import java.util.Date;
import java.util.Scanner;

public class BasicLib {

    public static void main(String[] args) {
        // 字符串返回int类型的数据
```

```
    int num = Integer.parseInt("123");
    float fl = Float.parseFloat("1234.56");
    System.out.println("StringParseToInt " + num);
    System.out.println("StringParseToFloat " + fl);
    // 去除字符串中的非字母字符
    String strKeyboard;
    System.out.println("Please input a string:");
    Scanner inputData = new Scanner(System.in);
    strKeyboard = inputData.nextLine();

    StringBuffer tmpStr = new StringBuffer(strKeyboard.length());
    char ch;
    for (int i = 0; i < strKeyboard.length(); i++) {
        ch = strKeyboard.charAt(i);
        if (Character.isLetter(ch))
            tmpStr.append(ch);
    }
    System.out.println("Non letter characters removed: " + tmpStr);

    //Math类库的应用举例
    System.out.println("Random number 0<=x<100: " + (int)((Math.
    random() * 100.0)));
    System.out.println("ln(E) = " + Math.log(Math.E));
    System.out.println("2^4 = " + Math.pow(2, 4));

    //日期Date类
    Date date = new Date();
    System.out.println("The date is " + date);
    inputData.close();
}
```

```
}
```

运行上面的BasicLib程序，并输入Good Luck 1369，获得如下结果：

```
StringParseToInt 123
StringParseToFloat 1234.56
Please input a string:
Good Luck 1369
Non letter characters removed: GoodLuck
Random number 0 <= x < 100: 80
ln(E) = 1.0
2^4 = 16.0
The date is Sat Mar 25 21:05:28 CST 2023
```

4.6.2　自定义包

在实际编程中，可以将自己编写的类依据功能组织成包结构，包名通常都是小写字母。在Eclipse编辑器中，可以通过右键点击src创建包。具体流程如图4.1和图4.2所示。

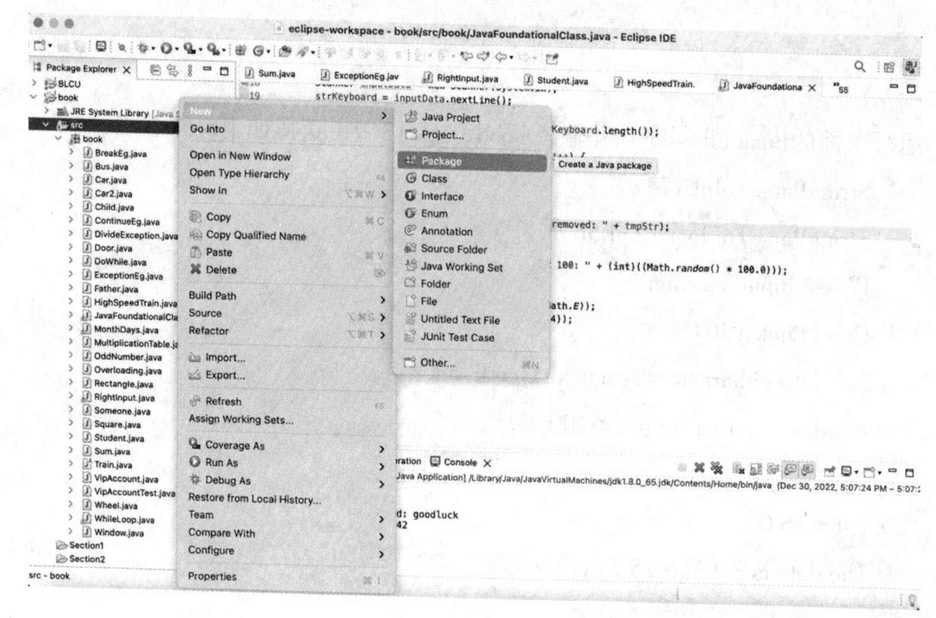

图4.1　在Eclipse中自定义包——第一步：选择创建包

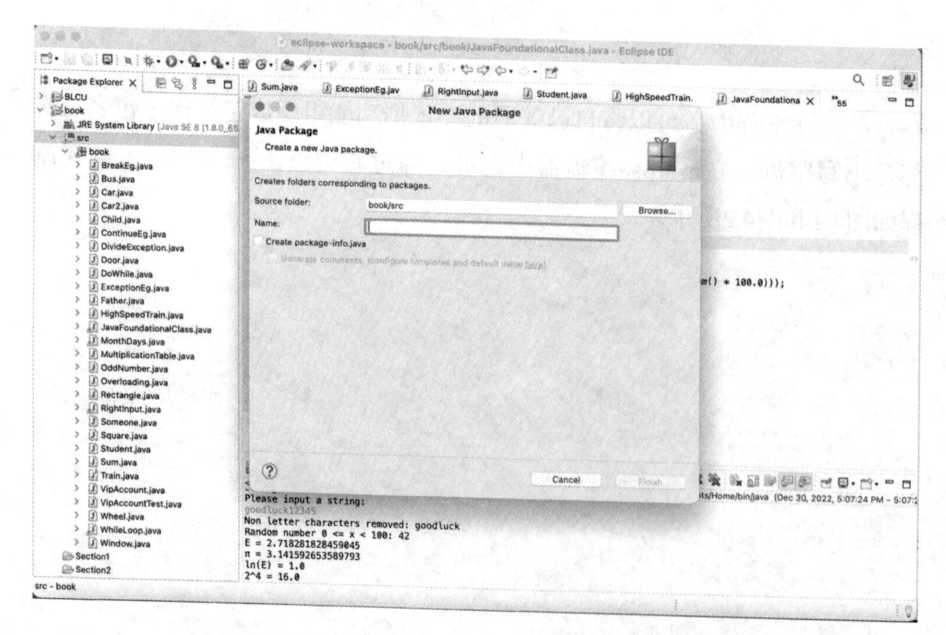

图4.2　在Eclipse中自定义包——第二步：输入包的名字

第5章　接口与多态

5.1　接口（interface）

5.1.1　接口的功能和定义

接口，用于定义多个类的共同属性和方法，比抽象类更进一步，允许包含：

- 默认由static和final修饰的基本数据类型的变量，变量要初始化，且将无法修改。
- 抽象方法，即方法包含方法名、参数列表以及返回类型，但不定义方法体。

接口的定义格式为：

interface 接口名称 {

```
    //定义static final常量
    //定义抽象方法
}
```

例如，定义一个Che接口：

```
public interface Che {
    //定义数据成员，要初始化
    static final int wheelNum = 4;
    //定义抽象方法
    public abstract void autoDrive (double driveSpeed);
}
```

定义接口，可以省略final和static关键字，以及public和abstract关键字：

```
public interface Che {
    int wheelNum = 4;
    void autoDrive (double driveSpeed);
}
```

5.1.2 接口的实现（implements）

接口不能用new直接生成对象，只能用implements实现，接口的实现方式如下：

```
public class 类名称 implements 接口名称 {
    //…
    //重写接口中的方法
}
```

实现接口的类，需要重写接口中的所有方法，重写的接口的方法需要是

public。例如：使用implements实现Che接口，并实现接口中的方法示例代码如下：

```
public class Tesla implements Che{

    public void autoDrive(double driveSpeed) {
        System.out.println("The drive speed of Tesla is: " + driveSpeed);
    }
}
```

可以通过继承（extends）对接口进行拓展，即子接口加入新的变量或方法。实现（implements）子接口的类，必须同时实现子接口及其父接口中的方法。例如，定义XiaoJiaoChe为Che的子接口：

```
public interface XiaoJiaoChe extends Che{
    void autoBrake();
}
```

定义BYD类，实现XiaoJiaoChe接口，则需要实现autoDrive()和autoBrake()两个方法：

```
class BYD implements XiaoJiaoChe {

    public void autoDrive() {
        //…
    }

    public void autoBrake() {
        //…
    }
}
```

可以声明接口类型的变量，并用它来访问对象，例如：

```
public interface Che {
```

```
    static final int wheelNum = 4;
    public abstract void autoDrive (double driveSpeed);
}

public class Tesla implements Che{

    public void autoDrive(double driveSpeed) {
        System.out.println( "The drive speed of Tesla is: " + driveSpeed);
    }
}

public class Benz implements Che{

    public void autoDrive(double driveSpeed) {
        System.out.println( "The drive speed of Benz is: " + driveSpeed);
    }
}

public class CheEg {

    public static void main(String[] args) {
        // 定义了两个接口变量
        Che car1, car2;
        //接口变量分别指向两个对象
        car1 = new Tesla();
        car2 = new Benz();

        car1.autoDrive(200);
        car2.autoDrive(240);
    }
```

```
}
```

运行上面的CheEg程序，输出的结果为：

```
The drive speed of Tesla is: 200.0
The drive speed of Benz is: 240.0
```

5.1.3　多重继承

为了使程序结构简单，Java只允许单继承，即一个类只能有一个直接父类。但一个类可以实现（implements）多个接口，达到多重继承。语法如下：

```
class 类名 implements 接口1, 接口2, …{
        …
}
```

例如：

```
public interface Che {
        static final int wheelNum = 4;
        public abstract void autoDrive (double driveSpeed);
}

public interface CheChuang {
        public void windowsControl(String windows);
}

public class BirdCar implements Che, CheChuang {
        double runningSpeed;
        String windowsOperate;

        public void autoDrive(double spe) {
            runningSpeed = spe;
```

```
            System.out.println("The driving speed " + spe + " km/hour");
        }

        public void windowsControl(String oper) {
            windowsOperate = oper;
            System.out.println("Let the windows: " + oper);
        }
    }

    public class BugattiChiron {

        public static void main(String[] args) {
            BirdCar chiron = new BirdCar();
            chiron.autoDrive(407);
            chiron.windowsControl("rolling up");
        }
    }
```

上面代码中，BirdCar类实现了Che接口和 CheChuang接口，相当于继承了两个接口的方法和属性，即实现了多重继承。

运行BugattiChiron类，将获得如下结果：

```
The driving speed 407.0 km/hour
Let the windows: rolling up
```

5.2 类型转换（塑型）

在实际编程应用中，有的时候需要进行显示（强制）或隐式（自动）的数据类型转换。比如，进行字符串连接运算：“Type Casting” + 798.66，操作数“Type Casting”为字符串，操作数798.66为数值型，则会隐式自动将798.66转换为字符串型，并进行运算获得字符串结果：Type Casting 798.66。

类型转换的对象分为：

（1）基本数据类型

· 可将数据从一种类型转换成另一种类型。例如：

```
(int) 168.369;      // 显示强制将double型转换为整型，结果为168
(char) 97;          // 显示强制将整型转换为字符型，结果为字符‘a’
(long) 678;         // 显示强制将整型转换为long型，结果为678L
```

（2）引用变量

· 可被转换为：父类、父接口（所属的类implements的接口）。被类型转换后，还可转换回其原来所属的类型。

例如：

```
class Pet {                //定义Pet类
    public void sleep() {
    }
    public void walk(){
    }
}

class Dog extends Pet{  //定义Dog类，并继承Pet类
    String dogName;
    int dogAge;
    public void sleep() {
    }
    public void walk() {
    }
    public void bark(){
    }
}
```

```
Pet pet = new Dog();
```

使用如上的方式实例化一个Dog对象，系统会自动将Dog对象转型为Pet类。

5.3 多态

多态是指用父类定义的引用变量可以指向子类对象，当不同的子类都定义了方法头相同但方法体不同的方法时，父类变量在指向不同子类对象时调用该方法时所使用的语句是一样的，但因为指向了不同的对象，因而获得的结果不一样，实现多态性。例如：

```
public class Teacher {          //定义Teacher类
    public void teach() {                    //定义Teacher类的teach方法
        System.out.println(“Teacher teaches class”);
    }
}

//定义Teacher类的子类Math Teacher
public class MathTeacher extends Teacher {
    //定义MathTeacher类的teach方法
    public void teach() {
        System.out.println("Math teacher teaches Mathematics");
    }
}

public class EnglishTeacher extends Teacher{  //定义子类EnglishTeacher
```

```
    //定义EnglishTeacher类的teach方法
    public void teach() {
        System.out.println("English teacher teaches English");
    }
}

public class Polymorphism { //定义Polymorphism类，使用多态

    public static void main(String[] args) {
        Teacher prof;       //定义Teacher类的引用变量prof

        prof = new EnglishTeacher();  //prof指向EnglishTeacher对象
        //prof调用EnglishTeacher里的teach方法
        prof.teach();
        prof = new MathTeacher();     //prof指向MathTeacher对象
        //prof调用MathTeacher里的teach方法
        prof.teach();
    }

}
```

上面的代码，通过父类Teacher的引用变量prof，分别指向子类English Teacher及MathTeacher的对象，并调用名字都为teach的方法，获得了不同的结果，实现了多态。

运行Polymorphism，获得如下结果：

English teacher teaches English

Math teacher teaches Mathematics

5.4 内部类

内部类，是指在一个类或方法中定义的类。内部类：

· 提供了更好的封装，只允许其外部类直接访问，不允许其他类直接访问。

· 可以直接访问其外部类中的所有数据成员和方法成员。

例如：

```
public class InnerClass {    //定义类InnerClass
    private String color = "red";

    class Color {            //定义内部类Color
        public void displayColor() {
            System.out.println("The default color is: " + color);
        }
    }

    public static void main(String[] args) {
        // 实例化一个内部类Color对象
        InnerClass.Color colorObj = new InnerClass().new Color();
        colorObj.displayColor();
    }
}
```

运行上面的InnerClass类，获得如下结果：

```
The default color is: red
```

第6章　文件的读/写

6.1　输入/输出流

Java程序通常需要与外部进行数据交互，即读/写数据。包括与键盘、磁盘、数据库等进行交互。读/写的数据包括字符串、图像、声音、视频、对象等数据。

java.io包中的输入/输出流类（Input/Output）可以实现程序与外部的数据交互：

- 输入指的是数据从外部流入程序。
- 输出指的是数据从程序流出到外部。

读/写数据的过程都是：打开流→读/写数据→关闭流。数据流按内容分为：

（1）面向字符的流（character-oriented streams），主要用于处理文本数据，即数据源或目标中是文本文件，如txt文件。

- Java使用Reader和Writer这两个抽象类的子类来读/写文本数据。

（2）面向字节的流（byte-oriented streams），主要用于处理二进制数据，即数据源或目标中含有非字符数据，如音频、视频文件。

- InputStream和OutputStream这两个抽象类的子类用于处理8位的字节流。

例如，分别用BufferedReader和Scanner从键盘读入用户输入的内容并打印出来，代码如下：

```
import java.io.BufferedReader;
import java.io.IOException;
import java.io.InputStreamReader;
import java.util.Scanner;

public class ReadFromKeyboard {

    public static void main(String[] args) throws IOException {
        BufferedReader buffRe = new BufferedReader(new
        InputStreamReader (System.in));
        String strBuff;
        System.out.println("Please input through keyboard:");
        while ((strBuff = buffRe.readLine()).length() != 0) {
            System.out.println("The input string data: " + strBuff);
        }

        Scanner scanIn = new Scanner(System.in);
        System.out.println("Please input through keyboard:");
        String strScan = scanIn.next();
        System.out.println("The input string data: " + strScan);

        System.out.println("Please input int data:");
        int intScan = scanIn.nextInt();
```

```
        System.out.println("The input int data: " + intScan);
        scanIn.close();
    }
}
```

运行ReadFromKeyboard类，并从键盘输入数据后，获得如下结果：

```
Please input through keyboard:
Spring
The input string data: Spring

Please input through keyboard:
Summer
The input string data: Summer
Please input int data:
666
The input int data: 666
```

6.2　文件读写

Java对磁盘上的文件及文件夹（目录）的操作包括：创建、删除、重命名、判断是否存在、判断读写权限、查询修改时间等。

例如，可以通过如下几种方式在Windows操作系统D盘创建一个目录Java，并在Java目录下创建一个文件testFile.txt：

- File file = new File("D:\\Java\\testFile. txt ");

  或者 File file = new File("D:/Java/testFile. txt ");
- File file = new File("D:\\Java\\", "testFile. txt");

```
· File tmpDir =new File("D:\\Java\\");
  File file = new File(tmpDir, "testFile. txt");
```

Java的File类包含一些常用方法：

- canRead()：判断是否可读取文件里的内容。
- canWrite()：判断是否可以向文件里写内容。
- exists()：判断文件或目录是否存在。
- createNewFile()：如果文件不存在，则创建文件，否则返回假。
- mkdir()：创建一个目录，创建成功返回真，否则返回假。
- isFile()：判断是否是一个文件。
- isDirectory()：判断是否是一个目录。
- delete()：删除文件或目录，必须是空目录才能删除成功。

以上的方法，都是布尔型（boolean），操作成功返回真，否则返回假。

需要注意的是，在对文件进行操作之前，可以通过exists方法判断文件是否存在，也可以用isFile方法来确定File对象是否为一个文件而非目录，进而进行操作，避免造成错误。

下面的代码演示了通过File类中的方法对文件或目录进行操作：

```
import java.io.File;

public class WenJian {

    public static void main(String[] args) {
        // 在Macbook电脑中/Users/Jitao/eclipse-workspace/book/src/目
        // 录下
        // 创建testFile.txt文件
        File stuJava = new File("/Users/Jitao/eclipse-workspace/book/src/
        testFile.txt");
        if (stuJava.exists()) {
            stuJava.delete();
```

```
            } else {
                try {
                    stuJava.createNewFile();
                } catch (Exception e) {
                    System.out.println(e.getMessage());
                }
            }

            System.out.println("文件名是: " + stuJava);
            System.out.println("文件名是: " + stuJava.getName());
            System.out.println("文件是否存在? " + stuJava.exists());
            System.out.println("文件是否可读? " + stuJava.canRead());
            System.out.println("文件是否可写? " + stuJava.canWrite());
            System.out.println("文件的长度: " + stuJava.length());
            System.out.println("是个文件? " + stuJava.isFile());
            System.out.println("是个目录? " + stuJava.isDirectory());
            System.out.println("文件被修改的时间? " + stuJava.lastModified());
            // 创建dirTest目录
            File dir = new File("/Users/Jitao/eclipse-workspace/book/src/
            dirTest");
            dir.mkdir();
            System.out.println( "Directory exist? " + dir.exists());
        }
    }
```

运行WenJian，获得如下结果：

```
文件名是: /Users/Jitao/eclipse-workspace/book/src/testFile.txt
文件名是: testFile.txt
文件是否存在? false
文件是否可读? false
文件是否可写? false
```

```
文件的长度: 0
是个文件? false
是个目录? false
文件被修改的时间? 0
Directory exist? true
```

6.2.1 写文本文件

6.2.1.1 FileWriter

通过FileWriter类可以给磁盘文件写入文本内容。FileWriter有如下的构造方法, FileWriter对象:

- FileWriter(File fObj)，参数是File类型的对象。
- FileWriter(String fName)，参数是文件名字符串。
- FileWriter(File fObj, boolean appendCon)，参数是文件对象和一个布尔值，布尔值如果为true，则将在文件内已有的文本的末尾处，开始延续增加写新的内容。

例如，通过FileWriter(String fName) 方式，实现写文本文件示例如下:

```
import java.io.FileWriter;
import java.io.IOException;

public class WriteToTestFile {
	public static void main(String[] args) throws IOException {
		String stuJava = "/Users/Jitao/eclipse-workspace/book/src/testFile.
		txt" ;
		FileWriter wriStuJava = new FileWriter(stuJava);
		wriStuJava.write("Bonjour!\n");
```

```
            wriStuJava.write("Happy,\n");
            wriStuJava.write("Healthy.\n");
            wriStuJava.write("健康快乐\n");
            wriStuJava.close();
        }
    }
```

运行WriteToTestFile程序后，打开testFile.txt文件，获得如下结果（见图6.1），可见通过FileWriter类，实现了对磁盘文件testFile.txt进行文本内容的写入。

图6.1　磁盘文件testFile.txt打开后内容（一）

通过FileWriter(File file, boolean append)方式，实现写文本文件的增量写入，代码如下：

```
import java.io.FileWriter;
import java.io.IOException;

public class AppendTextToTestFile {
    public static void main(String[] args) throws IOException {
        String stuJava = "/Users/Jitao/eclipse-workspace/book/src/testFile.
        txt";
        FileWriter appendWrite = new FileWriter(stuJava,true);
        appendWrite.write("Salute!\n");
```

```
            appendWrite.write("吉祥如意\n");
            appendWrite.close();
        }
    }
```

运行AppendTextToTestFile程序，打开testFile.txt文件，获得如下结果（见图6.2），可见，实现了对testFile.txt文本内容的增量写入。

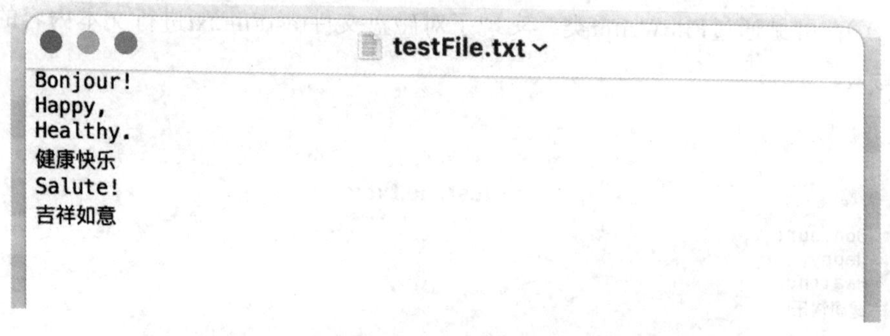

图6.2　磁盘文件testFile.txt打开后内容（二）

6.2.1.2　BufferedWriter

如果一次需要向文件中写入的内容较多，可以使用BufferedWriter类进行写入操作，它比FileWriter更高效。BufferedWriter所拥有的方法与FileWriter类似，但多一个newLine()方法用于换行。不同的计算机操作系统（Windows，MacBook，Linux）对文本的换行方法不同，newLine()可以输出正确的换行符。例如：

```
import java.io.BufferedWriter;
import java.io.FileWriter;
import java.io.IOException;
```

```
public class BuffWrToTestFile {
    public static void main(String[] args) throws IOException {
        String stuJavaBuff = "/Users/Jitao/eclipse-workspace/book/src/
        testFile.txt";
        BufferedWriter stuJavaBuffWr = new BufferedWriter(new FileWriter
        (stuJavaBuff, true));
        stuJavaBuffWr.newLine();
        stuJavaBuffWr.write("Jadore!");
        stuJavaBuffWr.newLine();
        stuJavaBuffWr.write("扶摇直上九万里");
        stuJavaBuffWr.newLine();
        stuJavaBuffWr.close();
    }
}
```

运行BuffWrToTestFile程序，打开testFile.txt文件，获得如下结果（见图6.3），可见，通过BufferedWriter，也实现了对testFile.txt文本内容的增量写入，并通过newLine()进行了换行操作。

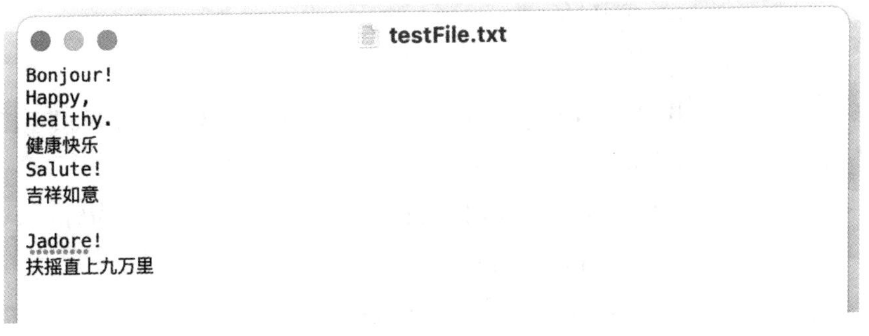

图6.3 磁盘文件testFile.txt打开后内容（三）

6.2.2 读文本文件

用FileReader类，可从文本文件中读取字符。BufferedReader，是读文本文件的缓冲器类，比FileReader多一个readLine()方法，可以一行一行地读取输入流中的内容。

6.2.2.1 BufferedReader

例如，通过BufferedReader对磁盘文本文件进行读取，代码如下：

```
import java.io.BufferedReader;
import java.io.FileReader;
import java.io.IOException;

public class BuffReadTestFile {
    public static void main(String[] args) {
        String stuJava = "/Users/Jitao/eclipse-workspace/book/src/testFile.
        txt";
        String reTxtLine;
        try {
            BufferedReader buffReTestFile = new BufferedReader(new
            FileReader(stuJava));
            reTxtLine = buffReTestFile.readLine(); // 读取一行内容
            while (reTxtLine != null) {
                System.out.println(reTxtLine);
                reTxtLine = buffReTestFile.readLine();
            }
            buffReTestFile.close();
        } catch (IOException yc) {
```

```
            System.out.println("Reading error: " + yc + stuJava);
        }
    }
}
```

运行BuffReadTestFile程序，获得如下结果，实现了逐行读取testFile.txt文件内容，并将读到的每一行内容打印出来：

```
Bonjour!
Happy,
Healthy.
健康快乐
Salute!
吉祥如意

Jadore!
扶摇直上九万里
```

6.2.2.2 Scanner

也可以使用Scanner类，实现对文本文件内容的读取，代码如下：

```
import java.io.File;
import java.io.FileNotFoundException;
import java.util.Scanner;

public class ScanReadTestFile {
    public static void main(String[] args) {
        String stuJava = "/Users/Jitao/eclipse-workspace/book/src/testFile.
        txt";
        File readTestFile = new File(stuJava);
        String txtLine;
```

```
            Scanner scanIn;
            try {
                scanIn = new Scanner(readTestFile);
                while (scanIn.hasNext()) {
                    txtLine = scanIn.nextLine();
                    System.out.println(txtLine);
                }
                scanIn.close();
            } catch (FileNotFoundException e) {
                e.printStackTrace();
            }
        }
    }
```

运行ScanReadTestFile程序，也实现了逐行读取testFile.txt文件内容，并将读到的每一行内容打印出来：

```
Bonjour!
Happy,
Healthy.
健康快乐
Salute!
吉祥如意

Jadore!
扶摇直上九万里
```

6.2.3　写二进制文件

如果文件的内容是字符，则为文本文件，如.txt文件；如果文件是非字符内容，则为二进制文件，如视频文件、Word软件产生的.doc/.docx文件等。

6.2.3.1　FileOutputStream

抽象类OutputStream的子类FileOutputStream可用于写字节流，例如：

```
import java.io.FileOutputStream;
import java.io.IOException;

public class FileOutputStreamToFile {

    public static void main(String args[]) {
        int leng;
        byte buff[] = new byte[100];
        try {
            System.out.println("Please input something through keyboard:");
            // 从键盘读入输入的leng个字符，并存在buff里
            leng = System.in.read(buff);
            System.out.println("The number of charaters you entered is: " +
            leng);
            FileOutputStream writeStreamToFile = new FileOutputStream(
            "/Users/Jitao/eclipse-workspace/book/src/
            FileOutputStreamTest.txt");
            // 通过FileOutputStream,
            // 将buff中的内容写到FileOutPutStreamTest.txt文件中
            writeStreamToFile.write(buff, 0, leng);
```

```
            writeStreamToFile.close();
        } catch (IOException e) {
            System.out.println("Write File Stream Error!");
        }
    }
}
```

运行FileOutputStreamToFile程序，并在控制台输入good good将获得如下运行结果：

```
Please input something through keyboard:
good good
The number of charaters you entered is: 10
```

在磁盘打开FileOutputStreamTest.txt文件，可见通过FileOutputStream实现了将内容写到文件中。

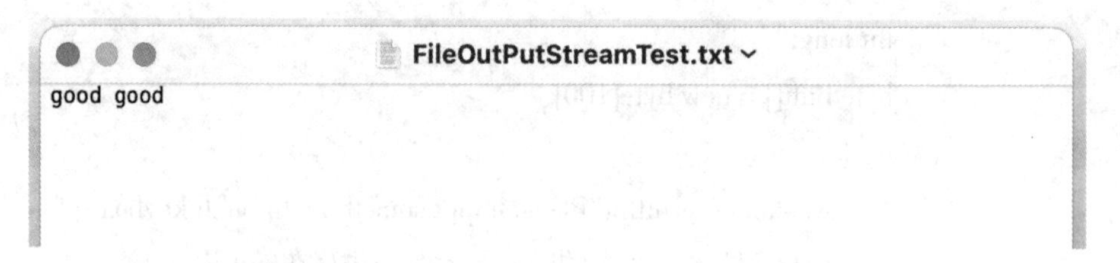

图6.4　磁盘文件FileOutputStreamTest.txt打开后内容

6.2.3.2　FileInputStream

抽象类InputStream的子类FileInputStream可用于读字节流，例如：

```
import java.io.File;
import java.io.FileInputStream;
import java.io.IOException;
```

```
public class FileInputStreamToProgram {
    public static void main(String args[]) {
        int leng;
        byte buff[] = new byte[100];
        try {
            // 创建一个文件对象
            File fileObj = new File("/Users/Jitao/eclipse-
            workspace/book/src/FileOutput StreamTest.txt");
            FileInputStream reFileStream = new FileInputStream(fileObj);
            // 尝试从FileOutputStreamTest.txt文件的第0位置开始，
            // 读入1000个字节
            // 并返回读到的字节数存到leng
            leng = reFileStream.read(buff, 0, 100);
            System.out.println(leng);
            // 从buff中的第0个位置开始读leng个字节存到字符串中
            String streamStr = new String(buff, 0, leng);
            System.out.println("The read stream content is: " + streamStr);
            reFileStream.close();
        } catch (IOException e) {
            e.printStackTrace();
        }
    }
}
```

运行FileInputStreamToProgram，获得如下结果，可见通过FileInputStream字节流读到了文件FileOutputStreamTest.txt中的内容：

```
10
The read stream content is: good good
```

6.2.3.3 DataOutputStream

DataOutputStream与FileOutputStream比较，主要增加了如下功能：

· 可将基本数据类型的数据以原始的数据类型写入文件。

· 可用size方法，统计写入的字节数。

例如，将三个int型数字-1、0、8966写入数据文件binaryData.dat中，代码如下：

```
import java.io.DataOutputStream;
import java.io.FileOutputStream;
import java.io.IOException;

public class DtOutIntStreamToFile {
    public static void main(String[] args) {
        String binaryFile = "/Users/Jitao/eclipse-workspace/book/src/
        binaryData.dat";
        int negative = -1, zero = 0, positive = 8966;
        try {
            DataOutputStream dosIntWr = new DataOutputStream(new
            FileOutputStream(binaryFile));
            // 写入整形数据
            dosIntWr.writeInt(negative);
            dosIntWr.writeInt(zero);
            dosIntWr.writeInt(positive);
            dosIntWr.close();
        } catch (IOException e) {
            System.out.println("Binary writing error: " + binaryFile);
        }
    }
}
```

运行DtOutIntStreamToFile程序，可以看到在对应的目录/Users/Jitao/eclipse-workspace/book/src/下增加了binaryData.dat文件，但用文本编辑器打开，可以看到如图6.5所示的乱码。

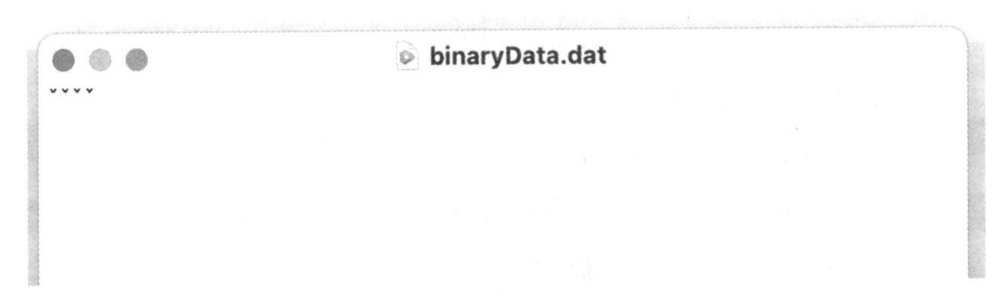

图6.5 磁盘文件binaryData.dat打开后内容

用Sublime打开，可以看到其二进制信息如下。这是正常现象，后面我们将通过程序把binaryData.dat中的int数据读取出来。

图6.6 磁盘文件binaryData.dat用Sublime打开后内容

BufferedOutputStream，在写大量二进制数据时，相较于DataOutputStream，可提高效率。例如：

```
import java.io.BufferedOutputStream;
import java.io.DataOutputStream;
import java.io.FileOutputStream;
import java.io.IOException;

public class BuffDtOutStream {
```

```
	public static void main(String[] args) throws IOException {
		String binaryFileBuff = "/Users/Jitao/eclipse-workspace/book/src/binaryData.dat";
		DataOutputStream buffDtOutStr = new DataOutputStream(new BufferedOutputStream(new FileOutputStream(binaryFileBuff)));
		//写入整形数据
		buffDtOutStr.writeInt(-6);
		System.out.println(buffDtOutStr.size() + " bytes data were wrote");
		//写入Double形数据
		buffDtOutStr.writeDouble(369.8);
		System.out.println(buffDtOutStr.size() + " bytes data were wrote");
		//写入字符串数据
		buffDtOutStr.writeBytes("wonderful");
		System.out.println(buffDtOutStr.size() + " bytes data were wrote");
		buffDtOutStr.close();
	}

}
```

运行BuffDtOutStream程序，获得如下运行结果，-6，369.8，wonderful也分别被写入文件binaryData.dat中。

```
4 bytes data were wrote
12 bytes data were wrote
21 bytes data were wrote
```

6.2.4 随机读写二进制文件RandomAccessFile

针对于存储在二进制文件中的数据，需要能够读取出来，RandomAccessFile可实现对二进制文件进行访问，即：可在文件的任意位置进行读数据、写数据、插入数据。

RandomAccessFile有个文件指针，初始位于文件的开头处。RandomAccessFile有如下方法，可操作文件指针：

- skipBytes(int nb)：指针从当前位置，向前移动nb个字节。
- seek(long pos)：指针移动到指定的位置pos，pos表示距离文件开头的字节个数。
- getFilePointer()：得到当前的文件指针。

RandomAccessFile的构造方法是：

- RandomAccessFile(String fName, String accessCtr)。
- RandomAccessFile(File fObj, String accessCtr)。

其中第一个参数fName用来确定文件名，参数accessCtr为r（只读）或rw（可读写）确定文件的访问权限，或者第一个参数也可以是file文件对象。

如果文件中所有记录均保持相同的长度，读取时容易计算文件指针的位置，相对容易些，例如：

```
import java.io.FileNotFoundException;
import java.io.IOException;
import java.io.RandomAccessFile;

public class RandomAccessFileTest {
    public static void main(String args[]) {

        RandomAccessFile read_and_write = null;
        int db[] = { -1, 0, 369, 8966 };
        try {
            // 创建RandomAccessFile对象，并通过"rw"设定为可读写
            // 权限
            read_and_write = new RandomAccessFile("/Users/Jitao/eclipse-
            workspace/book/src/binaryData.dat", "rw");
        } catch (FileNotFoundException e) {
```

```
            System.out.println("Binary file not found error");
        }
        try {
            for (int i = 0; i < db.length; i++) {
                // 向binaryData.dat文件写数据
                read_and_write.writeInt(db[i]);
            }
            System.out.println("The data stored in binary file are: ");
            for (long j = 0; j < db.length; j++) {
                read_and_write.seek(j * 4);
                // 从binaryData.dat文件读数据
                System.out.print(read_and_write.readInt() + ", ");
            }
            read_and_write.close();
        } catch (IOException e) {
            System.out.println("Read binary file error");
        }
    }
}
```

运行RandomAccessFileTest程序，获得如下结果，即通过RandomAccessFile实现了数据的存储与读取：

```
The data stored in binary file are:
-1, 0, 369, 8966,
```

6.2.5 对象序列化Serialization

Java中，对象在程序结束时就会被Java的自动垃圾回收机制清除，如果想保存对象，可以将对象转换为字节序列存储在磁盘上，需要时再读取原来的对象。对象要存储在磁盘上，其所属的类要实现（implements）Serializable接口。需要注意的是，对象序列化存储时，transient和static变量，不保存。

ObjectInputStream类和ObjectOutputStream类，用于对象的存储和读取。

例如：创建一个红酒对象，把它存储到磁盘文件wine.dat中，然后再把该对象从wine.dat读出来，并打印对象信息。

```
import java.io.FileInputStream;
import java.io.FileOutputStream;
import java.io.IOException;
import java.io.ObjectInputStream;
import java.io.ObjectOutputStream;
import java.io.Serializable;

// 实现Serializable接口
public class WineFr implements Serializable {
    int barCode;
    String wineName;
    String winery;
    String wineRegion;
    float winePrice;
    // 构造方法
    public WineFr(int barCode, String wineName, String winery, String
    wineRegion, float winePrice) {
        this.barCode = barCode;
        this.wineName = wineName;
        this.winery = winery;
        this.wineRegion = wineRegion;
        this.winePrice = winePrice;
    }
```

```
public static void main(String args[]) throws IOException, 
ClassNotFoundException {
    //实例化一个Wine对象
    WineFr bordeauxWine = new WineFr(3356789, "Lafite", "Chateau 
    Lafite-Rothschild", "Bordeaux", 8000);
    //创建对象输出流，并将对象写入到磁盘文件wine.bat中
    ObjectOutputStream objOut = new ObjectOutputStream(new 
    FileOutputStream("/Users/Jitao/eclipse-workspace/book/src/wine.
    dat"));
    objOut.writeObject(bordeauxWine);
    objOut.close();
    bordeauxWine = null;
    //创建对象输入流，并从文件wine.bat读取对象
    ObjectInputStream objInput = new ObjectInputStream(new 
    FileInputStream("/Users/Jitao/eclipse-workspace/book/src/wine.
    dat"));
    bordeauxWine = (WineFr) objInput.readObject();
    objInput.close();
    //将读取到的对象信息打印出来
    System.out.println("The bar code of wine is: " + bordeauxWine.
    barCode);
    System.out.println("The name of wine is: " + bordeauxWine.
    wineName);
    System.out.println("The winery of wine is: " + bordeauxWine.
    winery);
    System.out.println("The region of wine is: " + bordeauxWine.
    wineRegion);
    System.out.println("The price of wine is: " + bordeauxWine.
    winePrice);
}
```

```
}
```

运行WineFr程序，获得如下结果，可见实现了WineFr对象的磁盘存储与读取：

```
The bar code of wine is: 3356789
The name of wine is: Lafite
The winery of wine is: Chateau Lafite-Rothschild
The region of wine is: Bordeaux
The price of wine is: 8000.0
```

第7章　对象数组和集合

7.1　对象数组

对象数组，是指数组元素是对象。例如，针对于类WineFr，我们可以用对象数组来存储过个WineFr对象：

WineFr wineFrance[];

wineFrance = new WineFr[2];

wineFrance[0] = new WineFr(3356789, "Lafite", "Lafite-Rothschild", "Bordeaux", 8000);

wineFrance[1] = new WineFr(3312345, "Margaux", "Chateau Margaux", "Bordeaux", 6000);

再看一个例子：设计一个商店，商店中包含多个商品，商店信息包括商店名、商店地点、商品、商品容量、商店电话，商品信息包括商品条形码、商品名、商品价格，商品对象要求序列化存储到磁盘文件中。代码实现如下：

（1）首先定义商品类ProductSupermarket：

```
import java.io.Serializable;

public class ProductSupermarket implements Serializable{
    //商品条形码
    private int productBarCode;
    //商品名
    private String productName;
    //商品价格
    private String productPrice;

    //构造方法
    public ProductSupermarket(int productBarCode, String productName,
    String productPrice) {
        this.productBarCode = productBarCode;
        this.productName = productName;
        this.productPrice = productPrice;
    }
    //设置商品条形码
    public void setProductBarCode(int productBarCode) {
        this.productBarCode = productBarCode;
    }
    //设置商品名称
    public void setProductName(String productName) {
        this.productName = productName;
    }
    //设置商品价格
    public void setProductPrice(String productPrice) {
        this.productPrice = productPrice;
```

```
    }
    // 获取商品条形码
    public int getProductBarCode() {
        return productBarCode;
    }
    // 获取商品名称
    public String getProductName() {
        return productName;
    }
    // 获取商品价格
    public String getProductPrice() {
        return productPrice;
    }
    // 比较是否为同一个商品对象
    public boolean compareProducts(Object prod) {
        if (this.getClass() != prod.getClass())
            return false;
        ProductSupermarket product = (ProductSupermarket) prod;
        return (this.getProductBarCode() == product.getProductBarCode());
    }
}
```

（2）定义大卖场类ShoppingMall：

```
public class ShoppingMall {
    // 商店名称
    private String shoppingMallName;
    // 商店地址
    private String shoppingMallAddr;
    // 商品数组
```

```
private ProductSupermarket products[];
//商店的商品容量
private int productCapacity;
//商店电话
private int shoppingMallPhone;

//构造方法
public ShoppingMall(String shoppingMallName, String shoppingMallAddr,
int productCapacity, int shoppingMallPhone) {
    this.shoppingMallName = shoppingMallName;
    this.shoppingMallAddr = shoppingMallAddr;
    this.productCapacity = productCapacity;
    this.shoppingMallPhone = shoppingMallPhone;
    products = new ProductSupermarket[productCapacity];
}

public void setShoppingMallName(String shoppingMallName) {
    this.shoppingMallName = shoppingMallName;
}

public void setShopAddr(String shoppingMallAddr) {
    this.shoppingMallAddr = shoppingMallAddr;
}

public void setProducts(ProductSupermarket[] products) {
    for (int i = 0; i < products.length; i++)
        this.products[i] = products[i];
}

public void setProductCapacity(int productCapacity) {
```

```
        this.productCapacity = productCapacity;
    }

    public void setShoppingMallPhone(int shoppingMallPhone) {
        this.shoppingMallPhone = shoppingMallPhone;
    }

    public String getShoppingMallName() {
        return shoppingMallName;
    }

    public String getShoppingMallAddr() {
        return shoppingMallAddr;
    }

    public ProductSupermarket[] getProducts() {
        return products;
    }

    public int getProductCapacity() {
        return productCapacity;
    }

    public int getShoppingMallPhone() {
        return shoppingMallPhone;
    }

}
```

（3）定义从键盘输入数据类JianPanShuRu，分别提供输入整型和字符串型方法：

```
import java.io.BufferedReader;
import java.io.IOException;
import java.io.InputStreamReader;

public class JianPanShuRu {
    static BufferedReader keyboardIn = new BufferedReader(new
    InputStreamReader(System.in));

    public static int keyboardInInt() {
        try {
            return (Integer.valueOf(keyboardIn.readLine().trim()).intValue());
        } catch (Exception e) {
            System.out.println("Input int data error, please input again");
            return 0;
        }
    }

    public static String keyboardInString() {
        try {
            return (keyboardIn.readLine());
        } catch (IOException e) {
            System.out.println("Input string error, please input again");
            return "0";
        }
    }
}
```

（4）测试应用商店类

```
import java.io.FileOutputStream;
import java.io.ObjectOutputStream;

public class ShoppingMallApp {

    public static void main(String[] args) {
        // 创建一个商店对象
        ShoppingMall aShop = new ShoppingMall("ChaoShiFa", "Haidian",
        500, 62311274);
        // 定义一个商品数组
        ProductSupermarket products[];
        products = new ProductSupermarket[2];
        // 向商品数组存入商品对象
        for (int i = 0; i < 2; i++) {
            products[i] = getAProduct(i + 1);
        }
        aShop.setProducts(products);
        // 打印出商店的信息
        System.out.println("商店的信息如下："+"\n"+"Shop Name"+"\
        t"+"Shop Address"+"\t"+"Shop's Product Capacity"+"\t"+"Shop's
        Phone Number");

        System.out.println(aShop.getShoppingMallName ()+"\t"+aShop.
        getShoppingMallAddr()+"\t"+aShop.getProductCapacity()+"\
        t"+aShop.getShoppingMallPhone());
        // 打印出商店里的商品信息
        System.out.println("商店的商品信息如下："+"\n"+"Bar Code"+"\
        t"+"Product Name"+"\t"+"Price");
```

```
        for(int j=0;j<products.length;j++) {
            System.out.println(products[j].getProductBar Code()+"\t"+products[j].
            getProductName()+"\t"+products[j].getProductPrice());
        }
        //将商品信息保存到文件product.dat中
        try {
            ObjectOutputStream oos = new ObjectOutputStream(new
            FileOutputStream("/Users/Jitao/eclipse-workspace/book/src/
            product.dat"));
            for (int i = 0; i < products.length; i++)
                oos.writeObject(products[i]);
            oos.close();
        } catch (Exception e) {
            System.out.println(e);
        }
    }
    //从键盘输入商品信息的方法
    public static ProductSupermarket getAProduct(int i) {
        ProductSupermarket product;
        System.out.println("请输入第" + i + "商品的信息: ");
        System.out.print("商品条形码:");
        int barCode = JianPanShuRu.keyboardInInt();
        System.out.print("商品名:");
        String productName = JianPanShuRu.keyboardInString();
        System.out.print("商品价格:");
        String price = JianPanShuRu.keyboardInString();
        //生成一个商品对象
        product = new ProductSupermarket(barCode, productName, price);
        return product;
    }
```

}

运行ShoppingMallApp程序，获得如下结果，实现了通过数组存储商品对象，并将商品对象存储到了磁盘文件中：

请输入第1商品的信息:

商品条形码:12345

商品名:苹果

商品价格:10

请输入第2商品的信息:

商品条形码:56789

商品名:桔子

商品价格:8

商店的信息如下：

Shop Name	Shop Address	Shop's Product Capacity	Shop's Phone Number
ChaoShiFa	Haidian	500	62311274

商店的商品信息如下：

Bar Code	Product Name	Price
12345	苹果	10
56789	桔子	8

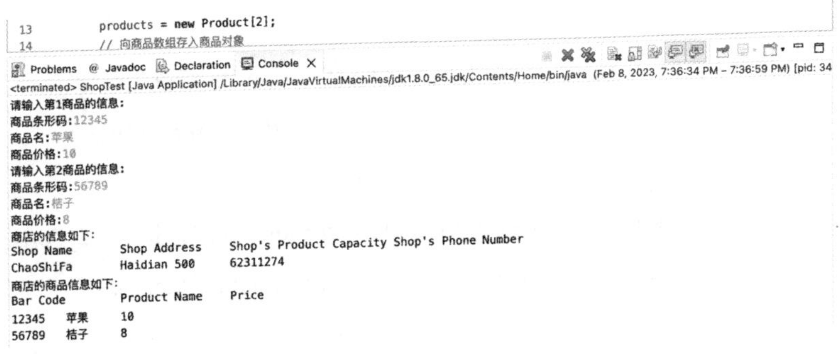

图6.6 ShoppingMallApp程序在Eclipse运行后结果截图

可以通过ObjectInputStream实现对已存储的商品信息进行读取：

```
import java.io.FileInputStream;
import java.io.IOException;
import java.io.ObjectInputStream;

public class ReadShopProducts {

    public static void main(String[] args) {
        ProductSupermarket product1, product2;

        try {
            ObjectInputStream productIn = new ObjectInputStream(new
            FileInputStream("/Users/Jitao/eclipse-workspace/book/src/
            product.dat"));

            product1 = (ProductSupermarket) productIn.readObject();
            product2 = (ProductSupermarket) productIn.readObject();
            productIn.close();
            System.out.println("商店的商品信息如下："+"\n"+"Bar
            Code"+"\t"+"ProductName"+"\t"+"Price");

            System.out.println(product1.getProductBarCode()+"\t"+product1.
            getProductName()+"\t"+product1.getProductPrice());

            System.out.println(product2.getProductBarCode()+"\t"+product2.
            getProductName()+"\t"+product2.getProductPrice());

        } catch (IOException | ClassNotFoundException e) {
            e.printStackTrace();
```

```
            }
        }
    }
```

运行ReadShopProducts程序，获得如下结果，可以看到，实现了对product.dat文件中，ProductSupermarket对象的读取，并打印出了商品的信息：

```
商店的商品信息如下：
Bar Code        Product Name        Price
12345           苹果                10
56789           桔子                8
```

7.2　集合

数组，是随机访问对象序列的有效方法，访问数组元素的速度较快，但数组的长度定义后就不允许改变，而集合，可动态改变大小。集合只能存储对象。集合支持存储多种类型的对象，但实际应用中一般只存储一种类型的对象。

Java集合的类，以Collection或Map接口为根。Collection的子接口是Set、List。Map的子接口是SortedMap。Java中集合的基本结构如图6.7所示。

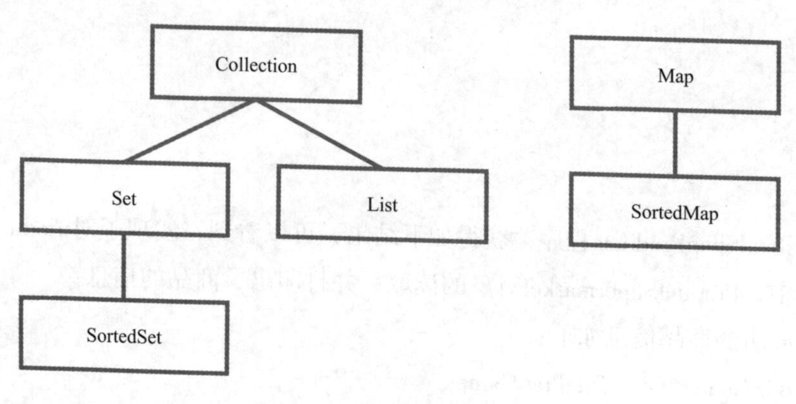

图6.7 Java集合的基本结构

Collection是定义了存取和操作一组对象的方法的集合。主要包括以下方法：

- size()：获得集合的元素个数。
- add(Object newObj)：增加对象newObj到集合Collection中。
- remove(Object delObj)：从集合Collection移除对象delObj。
- contains(Object subObj)：判断集合Collection是否包含对象subObj。
- containsAll(Collection subCol)：判断subCol是否是当前集合Collection的子集。

还有isEmpty()、addAll(Collection col)、removeAll(Collection col)、retainAll(Collection col)、clear()等方法。

Set是数学中“集合”的抽象，元素不允许重复。SortedSet中的元素是升序排列的。

实现Set的类主要是哈希集合（HashSet）及树集合（TreeSet），实现SortedMap接口的类主要是TreeSet。

List的元素有序、可重复，List的元素可通过位置索引（从0开始）进行访问。实现List的类主要有：

- ArrayList
- LinkedList
- Vector
- Stack

Map存储的是键-值对（key-value），键和值之间建立了映射关系，key不允许重复，每个key只允许映射到一个value，实现Map的类是HashMap。SortedMap是特殊的Map，其中的key是升序排列，实现SortedMap的类是TreeMap。

7.2.1　ArrayList（动态数组）

ArrayList（动态数组）是List接口的实现类，其底层是用数组实现的存储。ArrayList能够依据需求自动扩充存储空间，可以存储任意对象，但不能存储基本类型（如int）的数据，除非将这些数据包裹在包裹类中（如Integer）。ArrayList的主要方法有：

- int size()：返回元素的个数。
- boolean isEmpty()：判断是否为空。
- void add(Object addObj)：添加一个对象addObj。
- Object get(int position)：获取指定position位置的元素。
- void set(int position, Object obj)：替换指定position位置的对象。
- boolean remove(Object delObj)：移除在ArrayList中第一次出现的对象delObj，移除后，delObj后面的对象全部依次向前移位。
- int indexOf(Object obj)：获取对象obj在ArrayList中第一次出现的位置，如不存在，则返回-1。
- void clear()：移除所有元素。
- boolean addAll(Collection addCol)：添加addCol中的所有元素到ArrayList中，如果ArrayList的结果有变化，则返回true。
- boolean removeAll(Collection delCol)：从ArrayList中移除所有在delCol中出现的元素，如果ArrayList中有元素被成功移除，则返回true。

ArrayList用法示例如下：

```
import java.util.ArrayList;

public class ALOperationEg {

    public static void main(String[] args) {
        // 创建一个ArrayList
        ArrayList<String> strList = new ArrayList<String>();
        // 添加元素
        strList.add("Java");
        strList.add("Programming");
        // 通过索引位置获取元素
        System.out.println("The first element in ArrsyList: "+strList.
        get(0));
        System.out.println("The second element in ArrsyList: "+strList.
        get(1));
        // 替换指定位置的对象
        strList.set(1, "Language");
        System.out.println("After set: "+strList.get(1));
        strList.remove("Language");
        // System.out.println("After remove: "+strList.get(1));
        strList.add("obeject oriented programming");
        System.out.println("The second element in ArrsyList: "+strList.
        get(1));
        strList.remove(1);
        System.out.println("The elements in ArrsyList: "+strList);
        // 获取对象在ArrayList中第一次出现的位置
        System.out.println("The index of element in ArrsyList: "+strList.
        indexOf ("Java"));
        // 移除所有元素
        strList.clear();
```

```
        System.out.println("The elements in ArrsyList: "+strList);
    }
}
```

运行ALOperationEg程序，获得如下结果：

```
The first element in ArrsyList: Java
The second element in ArrsyList: Programming
After set: Language
The second element in ArrsyList: obeject oriented programming
The elements in ArrsyList: [Java]
The index of element in ArrsyList: 0
The elements in ArrsyList: []
```

7.2.2　Vector向量

Vector的使用方法与ArrayList类似。Vector底层是用数组实现的，相关的方法都加了同步检查，因此是线程安全的，但效率低。

Vector的应用举例如下：

```
import java.util.Vector;

public class VectOperationEg {

    public static void main(String[] args) {
        // 实例化WineFr对象
        WineFr bordeauxWine_La = new WineFr(3356789, "Lafite",
        "Chateau Lafite-Rothschild", "Bordeaux", 8000);
        WineFr bordeauxWine_Ma = new WineFr(3356788, "Margaux",
```

```
        "Chateau Margaux", "Bordeaux", 7000);
        WineFr bordeauxWine_Mo = new WineFr(3356788, "Mouton",
        "Chateau Mouton Rothschild", "Bordeaux", 7500);
        // 创建Vector
        Vector<WineFr> wineVector = new Vector<WineFr>();
        Vector<Integer> intVector = new Vector<Integer>();
        // 向Vector中添加对象
        wineVector.add(bordeauxWine_La);
        wineVector.add(bordeauxWine_Ma);
        wineVector.add(bordeauxWine_Mo);

        intVector.add(3);
        intVector.add(6);

        // 获取Vector中的对象
        for(int i=0; i<wineVector.size();i++) {
            System.out.println("The wine in Vector: "+wineVector.get(i).
            wineName);
        }

        System.out.println("The value in Vector: "+intVector.get(0));
        System.out.println("The value in Vector: "+intVector.get(1));
    }
}
```

运行VectOperationEg程序，获得如下结果：

```
The wine in Vector: Lafite
The wine in Vector: Margaux
The wine in Vector: Mouton
The value in Vector: 3
The value in Vector: 6
```

7.2.3　LinkedList链表

LinkedList底层采用双向链表实现存储，因而增删效率高，但查询效率低，线程不安全。LinkedList使用方法如下：

```
import java.util.LinkedList;

public class LLOperationEg {
    public static void main(String[] args) {
        LinkedList<String> llEg = new LinkedList<String>();
        // 添加元素
        llEg.add("Java");
        llEg.add("Programming");
        llEg.add("Language");
        // 获取元素
        for (int i = 0; i < llEg.size(); i++) {
            System.out.println(llEg.get(i));
        }
        System.out.println("--------------------");
        for (String str : llEg) {
            System.out.println(str);
        }
    }
}
```

运行LLOperationEg程序，获得如下结果：

```
Java
Programming
Language
```

```
--------------------
Java
Programming
Language
```

7.2.4 HashSet

HashSet是不允许重复元素的集合，不保证元素的顺序，允许有null元素。HashSet不是线程安全的。查询效率和增删效率都比较高。其使用方法如下：

```
import java.util.HashSet;

public class HSOperationEg {

    public static void main(String[] args) {
        HashSet<String> hsSet = new HashSet<String>();
        // 添加元素
        hsSet.add("Java");
        hsSet.add("Programming");
        hsSet.add("Language");
        // 添加重复元素，但hsSet只保留一个Java
        hsSet.add("Java");
        // 获取元素，Set中没有索引，所以没有get(int index)方法
        for (String elm : hsSet) {
            System.out.println(elm);
        }
        System.out.println("--------------------");
        // 删除元素
```

```
            hsSet.remove("Java");
            for (String elm : hsSet) {
                System.out.println(elm);
            }
        }
    }
```

运行HSOperationEg程序，获得如下结果：

```
    Java
    Language
    Programming
    --------------------
    Language
    Programming
```

7.2.5　TreeSet

TreeSet是一个有序的Set。TreeSet需要对存储的元素进行排序，因此，需要给定排序规则，默认采用升序排序。其使用方法如下：

```
    import java.util.Iterator;
    import java.util.TreeSet;

    public class TSOperationEg {

        public static void main(String[] args) {
            TreeSet<String> tsSet = new TreeSet<String>();
            // 添加元素
            tsSet.add("Java");
```

```
        tsSet.add("Programming");
        tsSet.add("Language");
        // 获取元素
        for (String elm : tsSet) {
            System.out.println(elm);
        }

        System.out.println("--------------------");
        // 顺序遍历TreeSet
        // Iterator是一个遍历集合元素的工具
        for(Iterator<String> foreach = tsSet.iterator(); foreach.hasNext(); ) {
            System.out.println(foreach.next());
        }
        System.out.println("--------------------");
        // 逆序遍历TreeSet
        for(Iterator<String> foreach = tsSet.descendingIterator(); foreach.
        hasNext(); ) {
            System.out.println(foreach.next());
        }
    }
}
```

运行TSOperationEg，获得如下结果，可以看到TreeSet中的字符串已经自动被按照首字母排序存储：

```
Java
Language
Programming
--------------------
Java
Language
```

Programming

Programming

Language

Java

7.2.6　HashMap容器类

HashMap用于存储“键-值”（key-value）对，其中每个键映射到一个值，要求键不能重复，key的数据类型可以是字符串或对象等。HashMap在查找、删除、修改方面都有非常高的效率。HashMap包含的方法主要有：

- int size()：返回HashMap中的元素个数。
- boolean isEmpty()：判断当前的HashMap是否为空。
- boolean containsKey(Object key)：判断健key是否在HashMap中。
- boolean containsValue(Object val)：判断值val是否在HashMap中。
- Object get(Object key)：通过键（key）获取其对应的值（value）。
- Collection values()：返回HashMap中所有的值（value）。
- Set keySet()：返回HashMap中所有的键（key）。
- Object put(Object key, Object val)：将键-值（key-value）对存入到HashMap中，其中键（key）必须唯一，否则，新存入的值（val）会覆盖HashMap中已有的值。
- Object remove(Object key)：将键为key的键-值对从HashMap中删除。
- void clear()：从HashMap中删除所有的项。

HashMap的使用方法举例如下：

```
import java.util.HashMap;
import java.util.Set;
```

```
public class HMOperationEg {

    public static void main(String[] args) {
        HashMap<String, String> hmMap = new HashMap<String, String>();
        // 添加元素
        hmMap.put("oop", "Java");
        hmMap.put("pol", "C");
        // 获取元素
        System.out.println(hmMap.get("oop"));
        System.out.println(hmMap);
        // 删除元素
        System.out.println("----After removal----");
        System.out.println(hmMap.remove("pol"));
        // 获取所有的key
        Set<String> kSet = hmMap.keySet();
        System.out.println("----Key value pairs----");
        for (String key : kSet) {
            System.out.println("key: " + key + " Value: " + hmMap.get(key));
        }
    }
}
```

运行HMOperationEg程序，获得如下结果：

```
Java
{oop=Java, pol=C}
----After removal----
C
----Key value pairs----
key: oop Value: Java
```

第8章　多线程

8.1　线程的概念

软件在启动运行时会对应启动一个进程，例如，打开音乐播放器听音乐，就是在运行一个进程，进程的运行需占用CPU处理器计算资源和内存资源，进程间大多不允许进行数据交换。

线程是进程中的一个执行任务的程序，一个进程可以支持多个线程同时运行，即多线程。线程之间可以进行数据交互。

8.2 线程的两种实现方式

8.2.1 Thread类

Java实现线程的一种方法是定义一个继承Thread类的类，并重写从Thread类继承的run()方法，在run()方法中写入要执行的任务的程序代码。启动线程，需调用start()方法，线程被启动后，会自动开始运行run()方法去执行线程任务。

使用线程计算从1加到n的示例代码如下：

```
public class ThreadSum extends Thread {

    int number;
    // 重写run方法
    public void run() {
        int n = number;
        int result = 0;
        System.out.println("Thread started");
        // 计算从1加到n
        while (n > 0) {
            result = result + n;
            n = n - 1;
        }
        System.out.println("The sum from 1 to " + number + " is " + result);
        // 通过第二种方式计算从1加到n
        System.out.println("The sum from 1 to " + number + " is " +
        number*(number+1)/2);
```

```
            System.out.println("Thread ends");
        }
}

public class ThreadSumApp {

        public static void main(String[] args) {
            ThreadSum trSum = new ThreadSum();
            trSum.number = 10;
            trSum.start();
        }

}
```

运行ThreadSumApp程序，获得如下结果，即通过线程实现了计算从1加到n：

```
Thread started
The sum from 1 to 10 is 55
The sum from 1 to 10 is 55
Thread ends
```

Thread常用的方法主要有：

- void start()：启动线程，并调用此线程的run方法。
- void stop()：停止线程，释放该线程的锁旗标。
- void sleep(long millisecond)：线程暂停运行millisecond毫秒，但不释放锁旗标。
- void setPriority(int p)：设置线程优先级。

让线程随机休眠sleep一段时间的代码如下：

```
public class ThreadSleepsAWhile extends Thread {
        private int hoursOfSleep;
```

```
    //构造方法
    public ThreadSleepsAWhile(String threadName) {
        //为线程命名
        super(threadName);
        //随机生成一个睡眠时长
        hoursOfSleep = (int) (Math.random() * 3690);
    }

    public void run() {
        try {
            System.out.println(getName() + " 将要休眠 " + hoursOfSleep);
            //线程休眠
            Thread.sleep(hoursOfSleep);
        } catch (InterruptedException e) {
            System.out.println("Thread Sleep Exception”);
            e.printStackTrace();
        }
        System.out.println(getName() + " 结束”);
    }
}

public class ThreadSleepsAWhileApp {

    public static void main(String[] args) {
        ThreadSleepsAWhile trdOne = new ThreadSleepsAWhile("Thread
        One");
        ThreadSleepsAWhile trdTwo = new ThreadSleepsAWhile("Thread
        Two");
        System.out.println("Threads start");
        //启动线程
```

```
            trdOne.start();
            trdTwo.start();
        }
    }
```

运行ThreadSleepsAWhileApp程序，获得如下结果，即两个线程分别随机睡眠了一段时间，然后结束，由于线程Thread Two睡眠时间短，因而结束的早（每次运行，所产生的结果不一样）：

```
Threads start
Thread One 将要休眠 1473
Thread Two 将要休眠 539
Thread Two 结束
Thread One 结束
```

8.2.2　Runnable接口

Java实现线程的第二种方法就是实现Runnable接口，并重写run()方法，启动此线程就会默认运行run()方法。

例如，用Runnable接口实现线程计算从1加到n，代码如下：

```
public class RunnableSum implements Runnable {
    int number;
    // 重写run方法
    public void run() {
        int n = number;
        int result = 0;
        System.out.println("Thread started");
        // 计算从1加到n
        while (n > 0) {
```

```
            result = result + n;
            n = n - 1;
        }
        System.out.println("The sum from 1 to " + number + " is " + result);
        //通过第二种方式计算从1加到n
        System.out.println("The sum from 1 to " + number + " is " +
        number*(number+1)/2);
        System.out.println("Thread ends");
    }

}

public class RunnableSumApp {

    public static void main(String[] args) {
        RunnableSum thr = new RunnableSum();
        thr.number = 10;
        //启动Runnable线程
        new Thread(thr).start();
    }

}
```

运行RunnableSumApp程序，获得如下结果：

```
Thread started
The sum from 1 to 10 is 55
The sum from 1 to 10 is 55
Thread ends
```

8.3　线程间的数据交互

8.3.1　代码共享

修改让线程随机休眠一段时间的代码如下：

```
public class RunnableSharesCodesExp implements Runnable {
    private int hoursOfSleep;

    // 构造方法
    public RunnableSharesCodesExp() {
        // 随机生成一个睡眠时长
        hoursOfSleep = (int) (Math.random() * 3690);
    }

    public void run() {
        try {
            System.out.println(Thread.currentThread().getName() + " will
            sleep for " + hoursOfSleep);
            // 线程休眠
            Thread.sleep(hoursOfSleep);
        } catch (InterruptedException e) {
            System.out.println("Thread Sleeps Exception");
            e.printStackTrace();
        }
        System.out.println(Thread.currentThread().getName() + " ends");
    }
```

```
}

public class RunnableSharesCodesExpTest {

    public static void main(String[] args) {
        RunnableSharesCodesExp rsc = new RunnableSharesCodesExp();
        System.out.println("Starting threads");

        new Thread(rsc, "ThreadOne").start();
        new Thread(rsc, "ThreadTwo").start();

    }

}
```

运行RunnableShareCodesExpTest程序，获得如下结果，因为是用一个线程对象rsc创建的2个新线程ThreadOne，ThreadTwo，这两个线程就共享了rsc对象的私有成员hoursOfSleep，即休眠时长，因此在本次运行中，两个线程都休眠了457毫秒：

```
Starting threads
ThreadTwo will sleep for 457
ThreadOne will sleep for 457
ThreadTwo ends
ThreadOne ends
```

8.3.2 数据共享

多个线程同时运行时，有时需要共享一些数据、状态和动作。例如，新出的火车票的数量，需要共享给销售窗口。另外，如果一个文件同时被一个线程写数据，被另一个线程读数据，则这两个线程必须共享状态，确保数据的完整性，避免读写错误。

例如，通过两个线程模拟两个苹果售卖窗口，销售10个苹果的代码如下：

```
public class AppleStock implements Runnable{
        //库存苹果数
        private int appleNumber = 10;

        public void run() {
            while (appleNumber > 0) {
                System.out.println(Thread.currentThread().getName() + " is
                selling apple " + appleNumber--);
            }
        }

}

public class AppleSell {

    public static void main(String[] args) {
        AppleStock sellApples = new AppleStock();
        new Thread(sellApples).start();
        new Thread(sellApples).start();
    }

}
```

运行AppleSell程序，获得如下结果，在这个例子中，创建了2个线程，每个线程调用的是同一个AppleStock对象中的run()方法，共享的是同一个对象中的库存苹果数appleNumber，因而两个线程同时售卖共有的10个苹果：

```
Thread-0 is selling apple 10
Thread-1 is selling apple 9
Thread-0 is selling apple 8
Thread-1 is selling apple 7
Thread-0 is selling apple 6
Thread-1 is selling apple 5
Thread-0 is selling apple 4
Thread-1 is selling apple 3
Thread-0 is selling apple 2
Thread-1 is selling apple 1
```

修改AppleSell代码，创建两个AppleStock对象：

```
public class AppleSell {

    public static void main(String[] args) {
        AppleStock sellApples = new AppleStock();
        AppleStock sellApples2 = new AppleStock();
        new Thread(sellApples).start();
        new Thread(sellApples2).start();
    }

}
```

运行上面新的AppleSell程序，获得如下结果，即每个线程都售卖了10个苹果，共销售了20个苹果，与实际情况不符。因为sellApples和sellApples2都拥有自己独立的变量和方法（每次运行，所产生的的结果不一样）。

```
Thread-0 is selling apple 10
```

```
Thread-0 is selling apple 9
Thread-0 is selling apple 8
Thread-0 is selling apple 7
Thread-0 is selling apple 6
Thread-1 is selling apple 10
Thread-1 is selling apple 9
Thread-0 is selling apple 5
Thread-1 is selling apple 8
Thread-1 is selling apple 7
Thread-1 is selling apple 6
Thread-1 is selling apple 5
Thread-1 is selling apple 4
Thread-1 is selling apple 3
Thread-0 is selling apple 4
Thread-1 is selling apple 2
Thread-1 is selling apple 1
Thread-0 is selling apple 3
Thread-0 is selling apple 2
Thread-0 is selling apple 1
```

8.4　多线程的同步控制

线程同步控制，指多个线程操作同一个数据时，要控制次序和时间，避免产生数据或业务逻辑错误。例如，对于超市销售橙子，要有进橙子和售橙子两个线程，需要橙子有库存才能开始销售橙子。

用两个线程来模拟超市进橙子与卖橙子的代码如下：

```
public class Orange {
    // 橙子号
    int orangeNumber = 0;
    // 超市货架总的可存放橙子数
    int orangeTotalStock;
    // 表示目前是否有橙子可售
    boolean orangeAvailable = false;

    // 构造函数，传入超市货架总的可存放橙子数
    public Orange(int orangeTotalStock) {
        this.orangeTotalStock = orangeTotalStock;
    }
}

public class OrangeStock extends Thread {
    Orange oranges = null;

    // 构造方法
    public OrangeStock(Orange oranges) {
        this.oranges = oranges;
    }

    public void run() {
        // 进橙子
        while (oranges.orangeNumber < oranges.orangeTotalStock) {
            System.out.println("Put orange " + (++oranges.orangeNumber));
            oranges.orangeAvailable = true;
        }
    }
```

```
}

public class OrangeConsume extends Thread {
    Orange oranges = null;
    int orangeSold = 0;

    // 构造方法
    public OrangeConsume(Orange oranges) {
        this.oranges = oranges;
    }

    public void run() {
        // 卖橙子
        while (orangeSold < oranges.orangeNumber) {
            // 判断是否有橙子可售，要售出的橙子号小于等于可售的
            // 最大橙子号
            if (oranges.orangeAvailable == true && orangeSold <= oranges.
            orangeNumber)
                System.out.println("Sell orange " + (++orangeSold));
            // 橙子卖完，橙子设置成不可售状态
            if (orangeSold == oranges.orangeNumber)
                oranges.orangeAvailable = false;
        }
    }

}

public class OrangeSell {
    public static void main(String[] args) {
        // 创建Orange对象，并初始化总的橙子库存能力信息
```

```
            Orange supermarketOrange = new Orange(10);
            // 创建进橙子线程，并启动
            new OrangeStock(supermarketOrange).start();
            // 创建卖橙子线程，并启动
            new OrangeConsume(supermarketOrange).start();
        }
    }
```

运行OrangeSell程序，获得如下结果，即通过两个线程：进橙子线程OrangeStock和卖橙子线程OrangeConsume，操作同一个橙子类Orange对象，实现了两个线程共享橙子库存的目的，并在有橙子的时候才进行卖橙子（每次运行，所产生的结果不一样）。

```
Put orange 1
Put orange 2
Sell orange 1
Sell orange 2
Put orange 3
Put orange 4
Put orange 5
Put orange 6
Put orange 7
Sell orange 3
Put orange 8
Sell orange 4
Put orange 9
Sell orange 5
Sell orange 6
Put orange 10
```

```
Sell orange 7
Sell orange 8
Sell orange 9
Sell orange 10
```

如果对OrangeConsume进行如下修改，即增加sleep语句，让卖橙子线程在oranges.orangeAvailable = false前多停留一会。

```
// 橙子卖完，橙子设置成不可售状态
if (orangeSold == oranges.orangeNumber) {
    try {
        Thread.sleep(2);
    } catch (InterruptedException e) {
        e.printStackTrace();
    }
    oranges.orangeAvailable = false;
}
```

再次运行OrangeSell，产生如下结果，即进货了10个橙子，但只卖了6个橙子就停止了（每次运行，所产生的结果不一样）。

```
Put orange 1
Put orange 2
Sell orange 1
Sell orange 2
Put orange 3
Sell orange 3
Sell orange 4
Put orange 4
Put orange 5
Sell orange 5
Put orange 6
Sell orange 6
```

Put orange 7

Put orange 8

Put orange 9

Put orange 10

为什么会产生上面的问题？是因为超市卖橙子线程OrangeConsume运行到oranges.orangeAvailable = false之前，卖橙子线程sleep休眠了一会儿，导致程序切换到进橙子线程OrangeStock，并将整个进橙子线程执行完成。再次切换到卖橙子线程后，执行oranges.orangeAvailable = false。此时卖橙子的号小于进橙子数(即：orangeSold <= oranges.orangeNumber)，但进橙子线程已结束不再能将oranges.orangeAvailable设置为true（即此时：oranges.orangeAvailable = false），导致卖橙子线程无法销售橙子。

要避免上面这种错误，就要解决线程的协作/互斥问题。Java 使用“锁旗标（synchronized）”实现线程的协作/互斥操作。语法如下：

```
synchronized（object）{
// codes
}
```

锁旗标（synchronized）的作用是：只有获取到对象的锁旗标，才运行其后的程序；锁旗标（synchronized）代码段运行结束后，就释放锁旗标，则别的线程可以获取锁旗标开始运行。

通过synchronized，对超市进橙子/卖橙子的线程修改如下：

```
public class OrangeStock extends Thread {
    Orange oranges = null;

    // 构造方法
    public OrangeStock(Orange oranges) {
        this.oranges = oranges;
    }

    public void run() {
```

```
            // 进橙子
            while (oranges.orangeNumber < oranges.orangeTotalStock) {
                // 申请对象oranges的锁旗标
                synchronized (oranges) {
                    System.out.println("Put orange " + (++oranges.orangeNumber));
                    oranges.orangeAvailable = true;
                }
                // 释放对象oranges的锁旗标
            }
        }
}


public class OrangeConsume extends Thread {
        Orange oranges = null;
        int orangeSold = 0;

        // 构造方法
        public OrangeConsume(Orange oranges) {
            this.oranges = oranges;
        }

        public void run() {
            // 卖橙子
            while (orangeSold < oranges.orangeNumber) {
                // 申请对象oranges的锁旗标
                synchronized (oranges) {

                    // 判断是否有橙子可售，并且将要售出的橙子号小于等
                    // 于可售的
```

```
                        // 最大橙子号
                        if (oranges.orangeAvailable == true && orangeSold <=
                        oranges.orangeNumber)
                            System.out.println("Sell orange " + (++orangeSold));
                        // 橙子卖完，橙子设置成不可售状态
                        if (orangeSold == oranges.orangeNumber) {
                            try {
                                Thread.sleep(2);
                            } catch (InterruptedException e) {
                                e.printStackTrace();
                            }
                            oranges.orangeAvailable = false;
                        }
                    }
                    // 释放对象oranges的锁旗标
                }
            }
        }
```

再次运行OrangeSell程序，获得如下结果，即通过锁旗标锁定了进橙子过程，进橙子完成后，释放锁旗标，才能开始卖橙子。

```
Put orange 1
Put orange 2
Put orange 3
Put orange 4
Put orange 5
Put orange 6
Put orange 7
Put orange 8
Put orange 9
```

```
Put orange 10
Sell orange 1
Sell orange 2
Sell orange 3
Sell orange 4
Sell orange 5
Sell orange 6
Sell orange 7
Sell orange 8
Sell orange 9
Sell orange 10
```

8.5　线程之间的通信

为了协调不同线程间的工作，Java通过wait()、notify()、notifyAll()建立了线程间的对话机制，实现线程之间的通信：

- wait()：线程暂停执行而进入等待池，并释放已获得的锁旗标。等到notify或 notifyAll，并重新获得锁旗标后继续执行。
- notify()：唤醒一个等待的线程，本线程继续执行。
- notifyAll()：唤醒所有等待的线程，本线程继续执行。

修改进橙子和卖橙子的两个线程，使用wait和notify实现两个线程间的通信，代码如下：

```
public class Orange2 {
    // 橙子号
    int orangeNumber = 0;
```

```
// 超市货架总的可存放橙子数
int orangeTotalStock;
// 表示目前是否有橙子可售
boolean orangeAvailable = false;

// 构造函数，传入超市货架总的可存放橙子数
public Orange2(int orangeTotalStock) {
    this.orangeTotalStock = orangeTotalStock;
}

public synchronized void stock() {
    if (orangeAvailable)
        // 如果还有橙子待售，则进橙子线程等待
        try {
            wait();
        } catch (Exception e) {
            e.printStackTrace();
        }
    System.out.println("Put orange " + (++orangeNumber));
    orangeAvailable = true;
    notify(); // 进橙子后，唤醒卖橙子线程，开始卖橙子
}

public synchronized void consume() {
    if (!orangeAvailable)
        // 如果没有橙子待售，则卖橙子线程等待
        try {
            wait();
        } catch (Exception e) {
            e.printStackTrace();
```

```
            }
            System.out.println("Sell orange " + (orangeNumber));
            orangeAvailable = false;
            notify(); // 卖橙子后，唤醒进橙子线程，开始进橙子
            if (orangeNumber == orangeTotalStock) {
                // 在卖完最后一个橙子后，
                // 设置一个结束标志，使orangeNumber>orangeTotalStock，
                // 则卖橙子结束
                orangeNumber = orangeTotalStock + 1;
            }
        }

}

public class OrangeStock2 extends Thread{
        Orange2 oranges = null;

        // 构造方法
        public OrangeStock2(Orange2 oranges) {
            this.oranges = oranges;
        }

        public void run() {
            // 进橙子
            while (oranges.orangeNumber < oranges.orangeTotalStock) {
                oranges.stock();
            }
        }
}
```

```
public class OrangeConsume2 extends Thread{
    Orange2 oranges = null;

    //构造方法
    public OrangeConsume2(Orange2 oranges) {
        this.oranges = oranges;
    }

    public void run() {
        //卖橙子
        while (oranges.orangeNumber <= oranges.orangeTotalStock) {
            oranges.consume();
        }
    }
}

public class OrangeSell2 {
    public static void main(String[] args) {
        //创建Orange对象，并初始化总的橙子库存能力信息
        Orange2 supermarketOrange2 = new Orange2(10);
        //创建进橙子线程，并启动
        new OrangeStock2(supermarketOrange2).start();
        //创建卖橙子线程，并启动
        new OrangeConsume2(supermarketOrange2).start();
    }
}
```

运行OrangeSell2程序，获得如下结果，可见通过线程间wait和notify的通信协同，实现了有一个橙子就卖一个橙子的功能。即在没有可售橙子的时候，OrangeConsume2会通过wait进入等待状态，然后通过notify通知OrangeStock2

去进橙子；当OrangeStock2进橙子成功后，有可售卖的橙子了，则通过wait进入等待状态，然后通过notify通知OrangeConsume2去卖橙子。

```
Put orange 1
Sell orange 1
Put orange 2
Sell orange 2
Put orange 3
Sell orange 3
Put orange 4
Sell orange 4
Put orange 5
Sell orange 5
Put orange 6
Sell orange 6
Put orange 7
Sell orange 7
Put orange 8
Sell orange 8
Put orange 9
Sell orange 9
Put orange 10
Sell orange 10
```

第9章　数据库访问

9.1　数据库

9.1.1　数据管理的主要方式

- 文件管理：使用文件管理系统来管理文件，如：我们电脑中的文件管理方式。数据以文件为单位进行存储，通过文件夹/目录，进行结构化管理。结构简单，文件之间没有建立明确的关系，数据容易存在冗余。
- 数据库管理：使用数据库管理数据，如：MySQL关系型数据库、NoSQL数据库等。使用数据库管理系统（DBMS：DataBase Management System）对数据进行管理，可以使数据结构更清晰，减少数据的冗余，数据共享便捷高效。

数据库管理系统（DBMS）是数据库的核心软件，包括创建数据库、查询、增加、删除、修改数据等功能。需要说明的是，MySQL、SQL Server、Oracle等软件是数据库管理系统，其中可以创建并管理多个数据库。采用数据库管理数据的主要特点包括：

- 采用数据模型，建立数据之间的关系。
- 对数据统一管控，数据更安全，数据冗余小。
- 拥有应用接口，开发和使用数据库很便捷。
- 以数据为中心，高效支持数据共享，及多个并发应用。

9.1.2 数据模型

数据库系统都是基于某个数据模型设计的，MySQL、SQL Server、Oracle是基于关系模型设计的，因而称为关系型数据库。MongoDB属于NoSQL数据库。

关系模型

关系模型直观来说就是二维表结构，也称为关系表，表是组织和存储数据的基本单位。关系表每一行存储一个记录，每一列表示一个属性。例如，一个学校的教师表，包括工号、姓名、性别、出生日期、学院号等信息；学校的学院表，包括学院号、学院名称、电话、学院地址等信息，其表结构如表9.1、表9.2所示。

表9.1 教师表

工号	姓名	性别	出生日期	学院号
110106	张一	男	1998-06	103
110108	李二	男	2001-08	106
110109	王三	女	2002-09	108
110110	赵四	女	2003-10	108

表9.2　学院表

学院号	学院名称	电话	学院地址
103	商学院	8003	教一楼
106	计算机学院	8006	教二楼
108	外语学院	8008	教三楼

主键

主键唯一标识表中的一个记录，是一列或几列属性的组合。主键不能重复、也不能空（NULL）。例如，在教师表中，工号具有唯一性，是主键；学院表中，学院号是主键。

外键

一个表中的某一列属性是另外一个表中的主键，那么该列称为外键。表之间可用外键相关联，通过外键也可以降低数据冗余。例如，学院号是外键。

SQL语言

对关系型数据库进行操作的标准语言，包括对数据库的增（insert）、删（delete）、改（update）、查（select）等操作。

9.2　访问数据库

9.2.1　JDBC（Java Database Connectivity）

JDBC是Java程序与数据库之间的一个桥梁，通过JDBC，Java程序可以操作数据库。它们的关系如图9.1所示。

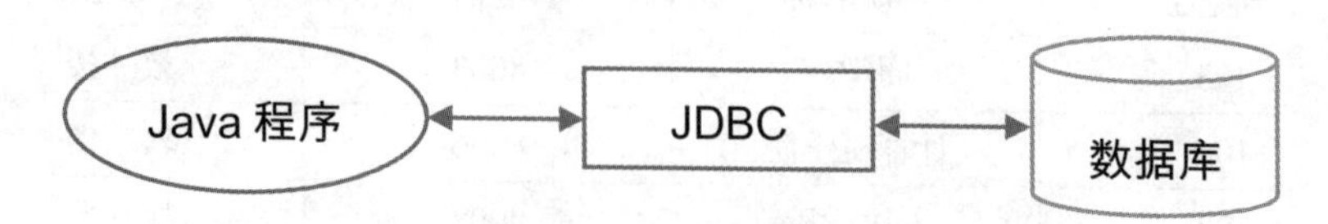

图9.1　Java、JDBC、数据库之间的关系

JDBC接口中重要的接口和类有：

· DriverManager：调入JDBC驱动，并建立与数据库的连接。
· Connection：与数据库建立的连接。
· Statement：执行SQL语句。
· ResultSet：执行SQL语句后获得的结果集。

通过JDBC开发程序与数据库相连，包含如下基本步骤：

· 配置与数据连接所需要的环境，引入相应的JDBC驱动类。
· 加载JDBC驱动程序。
· 创建一个Connection对象，并与数据库建立连接。
· 创建一个Statement对象。
· 用Statement对象执行SQL语句对数据库进行增删改查等操作。
· 从ResultSet中获取SQL语句执行后返回的数据。
· 关闭与数据库的连接Connection。

接下来，我们先配置JDBC环境，然后连接并操作数据库。

9.2.2　MySQL的JDBC驱动jar包下载

在MySQL数据库的官方网站，可以下载MySQL的JDBC驱动jar包：

（1）https://dev.mysql.com/downloads/打开MySQL的官方下载页面，如图9.2所示。

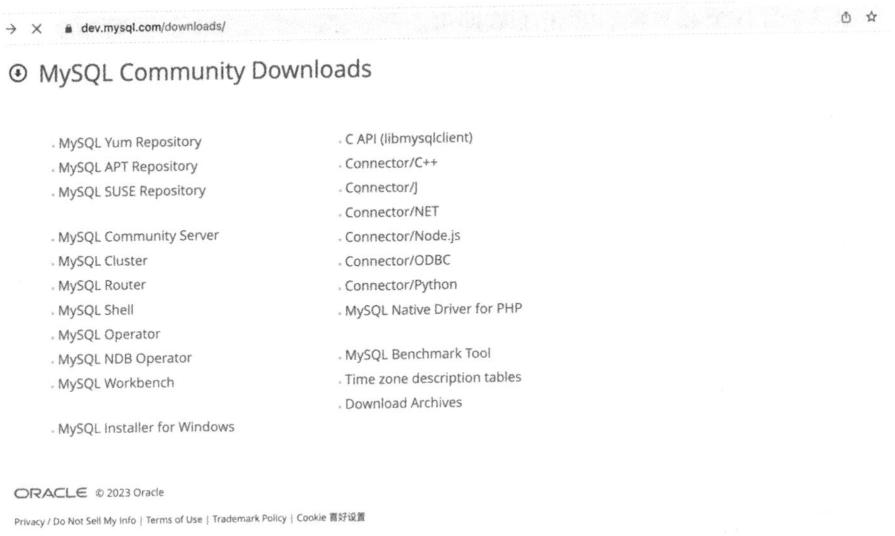

dev.mysql.com/downloads/
MySQL Community Downloads
MySQL Yum Repository
MySQL APT Repository
MySQL SUSE Repository
MySQL Community Server
MySQL Cluster
MySQL Router
MySQL Shell
MySQL Operator
MySQL NDB Operator
MySQL Workbench
MySQL Installer for Windows
C API (libmysqlclient)
Connector/C++
Connector/J
Connector/NET
Connector/Node.js
Connector/ODBC
Connector/Python
MySQL Native Driver for PHP
MySQL Benchmark Tool
Time zone description tables
Download Archives
ORACLE © 2023 Oracle
Privacy / Do Not Sell My Info | Terms of Use | Trademark Policy | Cookie 喜好设置

图9.2　MySQL的JDBC驱动jar包下载，官方网页截图

（2）选择Connector/J，打开如下界面后，选择Platform Independent。

dev.mysql.com/downloads/connector/j/
MySQL Community Downloads
Connector/J
General Availability (GA) Releases
Archives
Connector/J 8.0.32
Select Operating System:
Select Operating System...
Microsoft Windows
Ubuntu Linux
Debian Linux
SUSE Linux Enterprise Server
Red Hat Enterprise Linux / Oracle Linux
Fedora
Platform Independent
Source Code
All MySQL Products. For All Windows Platforms.
In One Package.

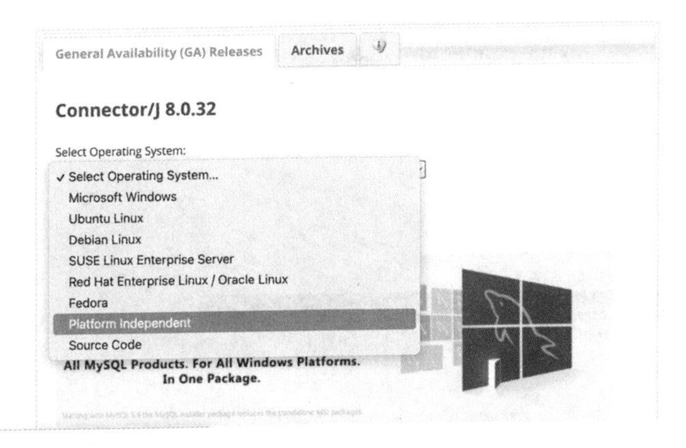

图9.3　MySQL的JDBC驱动jar包下载，平台版本选择

（3）打开下载页面，点击下载即可。

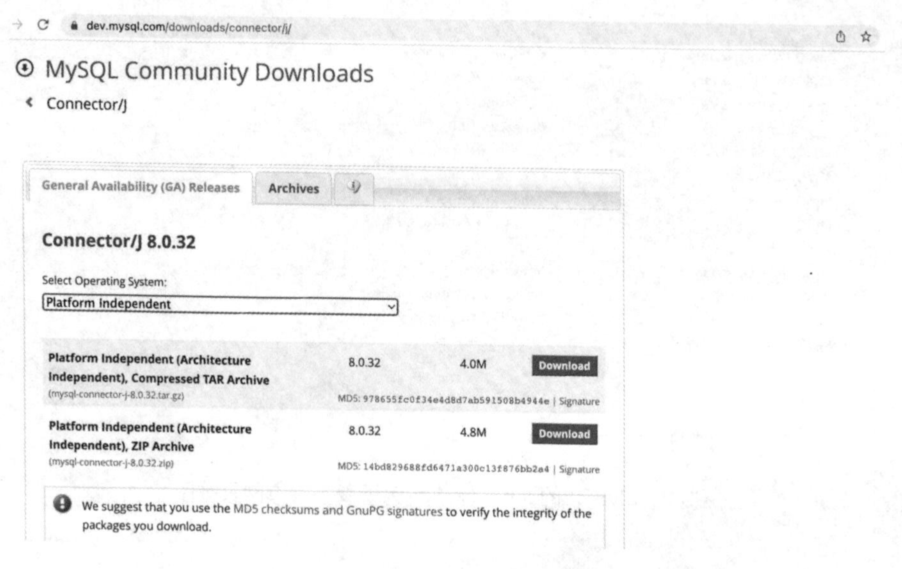

图9.4　MySQL的JDBC驱动jar包下载，下载页面

（4）对下载下来的压缩包解压缩，可找到MySQL的JDBC jar包，即mysql-connector-j-8.0.32. jar（未来版本会有升级更新），如图9.5所示。

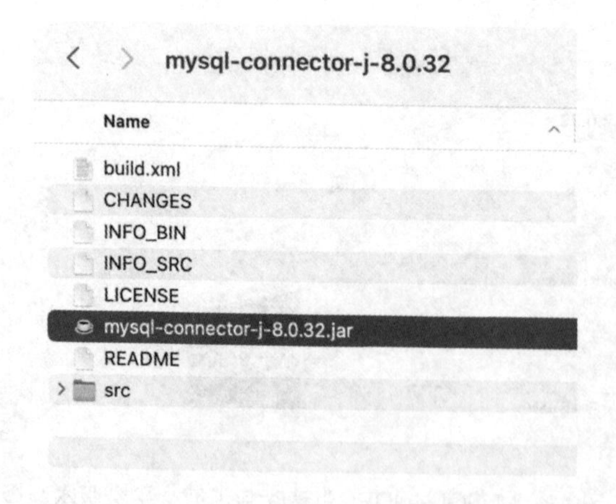

图9.5　MySQL的JDBC驱动jar包下载解压缩后位置

9.2.3　Eclipse导入MySQL的JDBC驱动jar包

（1）在Eclipse中创建好的Java项目中新建一个lib文件夹，如图9.6、图9.7所示。

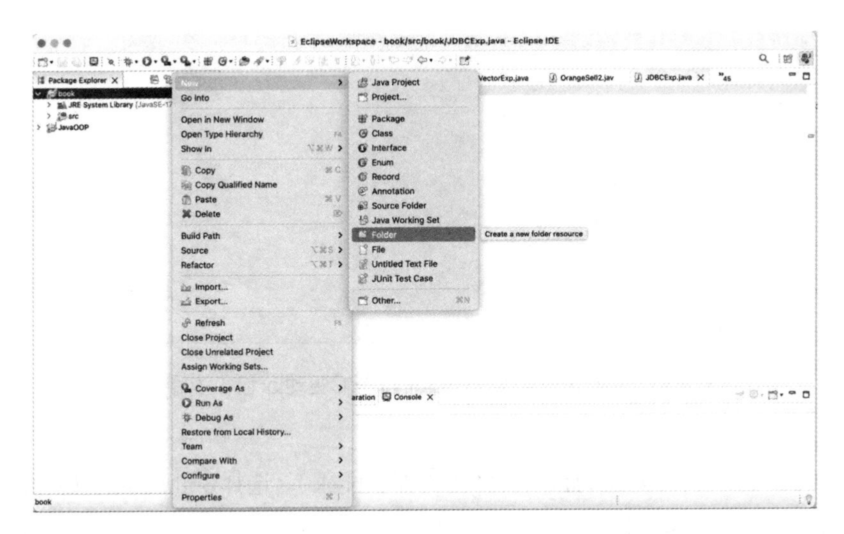

图9.6　Eclipse中配置MySQL的JDBC驱动jar包（步骤一）

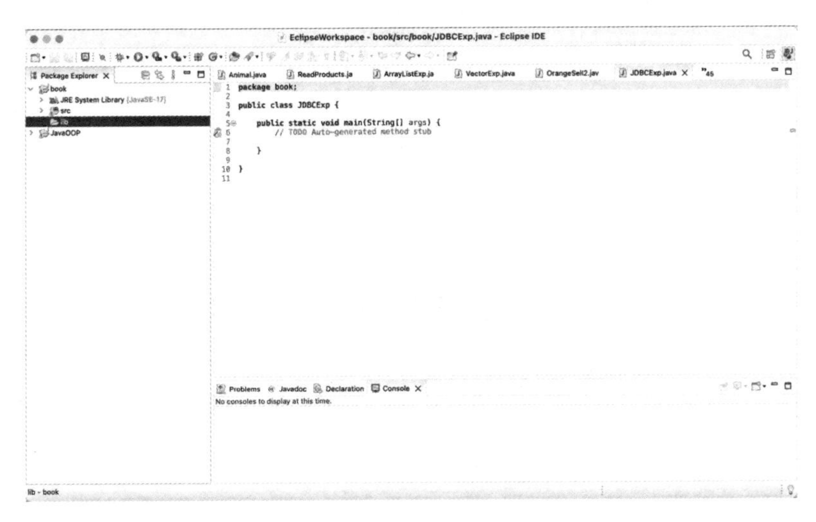

图9.7　Eclipse中配置MySQL的JDBC驱动jar包（步骤一结果）

（2）将mysql–connector–j–8.0.32. jar包复制到lib文件夹中，如图9.8所示。

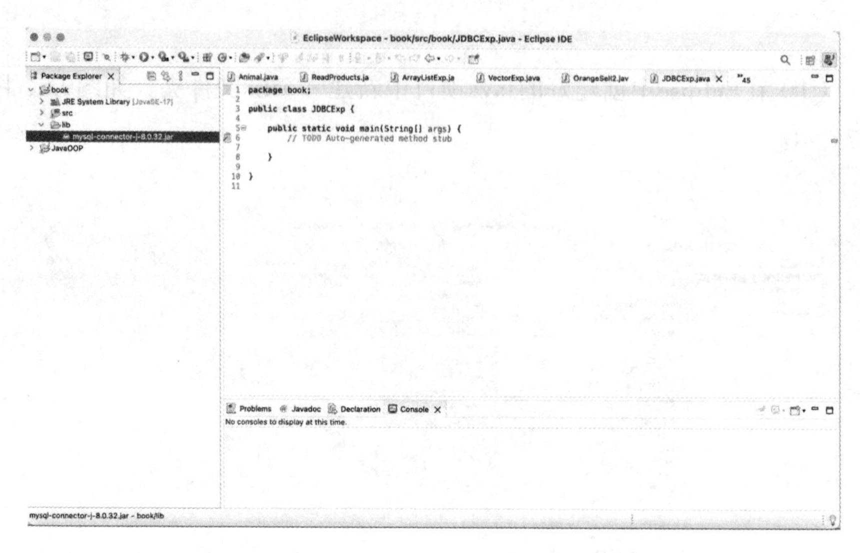

图9.8　Eclipse中配置MySQL的JDBC驱动jar包（步骤二）

（3）右键点击创建的Java项目名（如：book），选择Build Path→Configure Build Path，如图9.9所示。

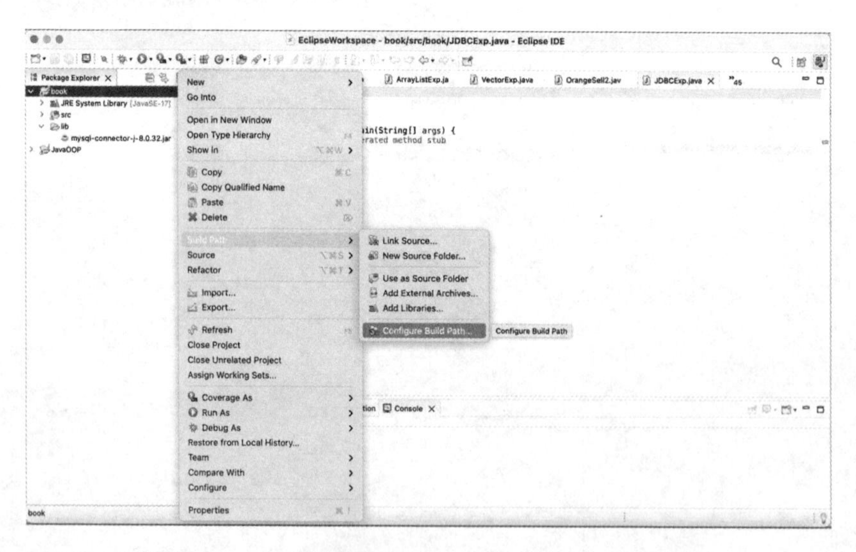

图9.9　Eclipse中配置MySQL的JDBC驱动jar包（步骤三）

（4）选中Libraries，点击右边的按钮add JARs...，如图9.10所示。

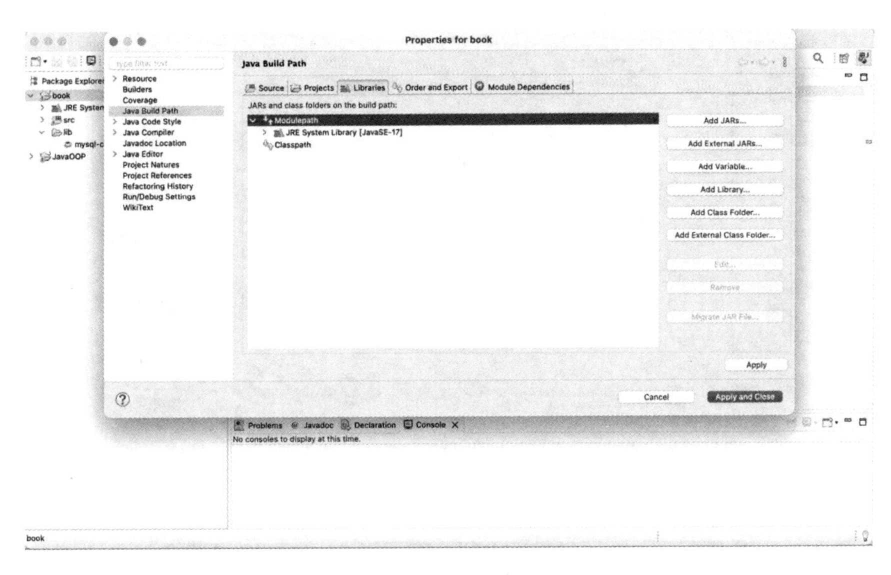

图9.10　Eclipse中配置MySQL的JDBC驱动jar包（步骤四）

（5）选中mysql-connector-j-8.0.32. jar包，然后点击OK，如图9.11所示。

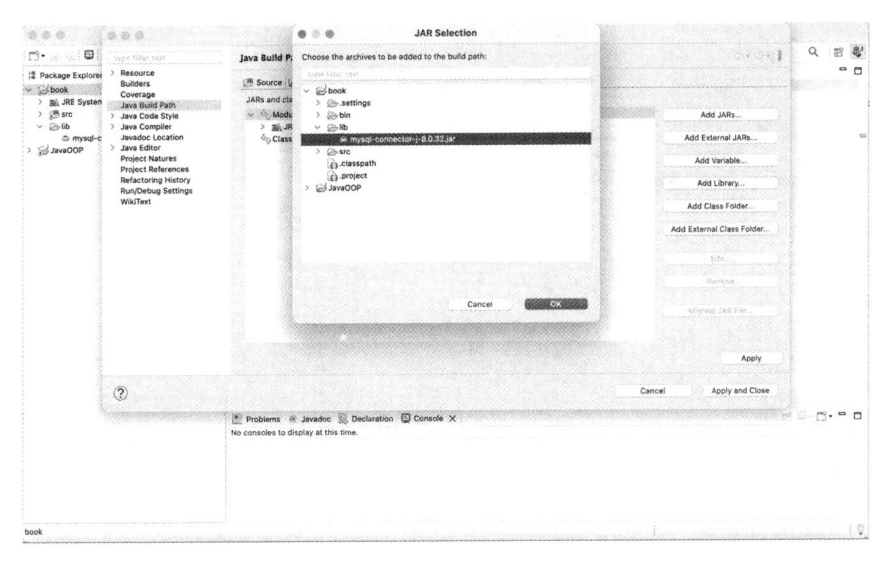

图9.11　Eclipse中配置MySQL的JDBC驱动jar包（步骤五）

（6）最后点击 Apply and Close，如图9.12所示。

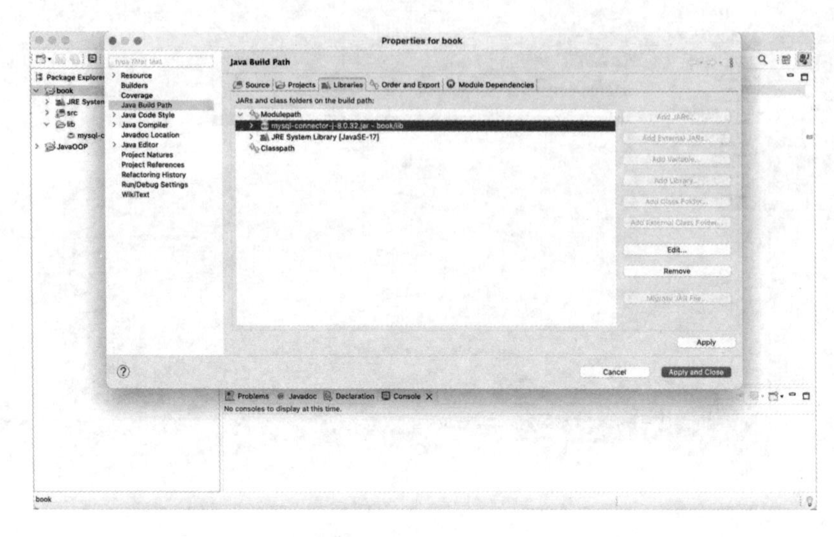

图9.12　Eclipse中配置MySQL的JDBC驱动jar包（步骤六）

（7）回到Eclipse主界面，可以看到增加了一个Reference Libraries，包含了mysql-connector-j-8.0.32. jar包，实现了向Eclipse导入MySQL的JDBC驱动jar包，如图9.13所示。

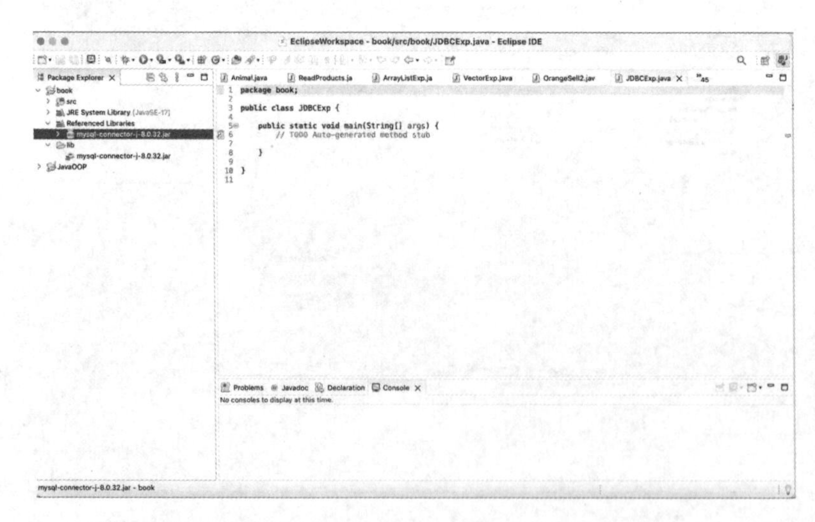

图9.13　Eclipse中配置MySQL的JDBC驱动jar包（成功）

9.3　连接数据库

先进一步了解一下Connection、Statement、ResultSet。

Connection表示与数据库建立的连接，有如下方法处理不同的SQL语句：

· createStatement，创建Statement，处理不带参数的SQL语句。

· prepareStatement，创建PreparedStatement，处理带参数的SQL语句。

· prepareCall，创建CallableStatement，调用存储过程。

Statement用于执行SQL语句，有如下方法支持不同的应用需求：

· executeQuery，执行产生单个结果集的语句，例如选择查询数据（SELECT）语句。

· executeUpdate，执行插入数据（INSERT）、更新数据（UPDATE）、删除数据（DELETE）、创建表（CREATE TABLE）等语句。

· execute，执行返回多个结果集的语句。

ResultSet用于存储SQL语句返回的结果集，并可以使用next方法从ResultSet结果集中“逐行”提取结果。使用getXXX( )方法可以从当前行的指定列中提取数据，getXXX( )方法的参数可以使用列名或列序号（列序号是结果集中的列序号，而不是原表中的列序号）。例如：

```
ResultSet rSet = stat.executeQuery("Select * From teacher");
String name = rSet.getString("name");           //提取当前行的name列数据
String department= rSet.getString(2);           //提取当前行的第2列数据
```

为了与MySQL数据库进行连接，需要：

· 装载驱动。例如，装载MySQL的JDBC驱动程序的语句是：

```
Class.forName("com.mysql.cj.jdbc.Driver");
```

· 与数据库建立连接。例如，与MySQL的数据库JavaDBTest建立连接，语句是：

```
Connection con=
DriverManager.getConnection("jdbc:mysql://127.0.0.1:3306/
JavaDBTest", "test","12345678");
```

该语句执行成功后，将返回与数据库JavaDBTest建立的连接。语句中：

· jdbc:mysql表示载入jdbc中的mysql驱动程序

· 127.0.0.1是数据库所在计算机的IP地址

· 3306是端口号

· JavaDBTest是数据库名

· test是要访问的JavaDBTest数据库的用户名

· 12345678是要访问的JavaDBTest数据库的密码

· 使用Connection创建Statement对象，如：

```
Statement stTeacher = con.createStatement();
```

· 使用Statement对象执行SQL命令，如：

```
ResultSet  rSetTeacher = stTeacher.executeQuery("Select * From teacher");
```

· ResultSet结果集中提取执行结果，如：

```
while (rSetTeacher.next()) {
      System.out.print(rSetTeacher.getString("name") + "\t");
}
```

下面，通过一个具体的例子来连接并操作数据库，要求在本机（IP地址为：127.0.0.1）安装了MySQL（MySQL数据库的安装，可以搜索相关教程），并建立了名字为JavaDBTest的数据库。如果数据库安装在别的服务器上，则需更改IP地址。

```
import java.sql.Connection;
import java.sql.DriverManager;
import java.sql.PreparedStatement;
import java.sql.ResultSet;
import java.sql.SQLException;
import java.sql.Statement;
```

```
public class DBConnTeacher {

    public static void main(String[] args) throws ClassNotFoundException,
    SQLException {
        // 加载驱动程序
        Class.forName("com.mysql.cj.jdbc.Driver");
        // 创建与数据库的连接
        Connection conDB = DriverManager.getConnection("jdbc:mys
        ql://127.0.0.1:3306/JavaDBTest", "test","12345678");
        // 判断数据库是否连接成功
        if (!conDB.isClosed()) {
            System.out.println("Connected to database!");
        } else {
            System.out.println("Connecting to database error!");
        }
        // 创建statement，用来执行SQL语句
        Statement stat = conDB.createStatement();

        // 先判断关系表teacher是否存在
        ResultSet rSet = stat.executeQuery("SHOW TABLES LIKE
        \"teacher\"");
        if (rSet.next()) {
            System.out.println("Table existed");
        } else {
            // 关系表teacher不存在，创建新表
            // 创建关系表teacher的SQL语句
            String createTableSQL = "CREATE TABLE teacher (tid INTEGER
            PRIMARY KEY, name VARCHAR(10), sex VARCHAR(10),
            birthday VARCHAR(10), collegeNum INTEGER)";
```

```
    // 执行SQL创建关系表teacher
    stat.executeUpdate(createTableSQL);
    System.out.println("New table teacher created");
}
// 向teacher表插入数据
String insertTeacher1 = "INSERT INTO teacher VALUES(110106,'Zhang
Yi', 'Male','1998-06',103)";
String insertTeacher2 = "INSERT INTO teacher VALUES(110108,'Li
Er', 'Male','2001-08',106)";
String insertTeacher3 = "INSERT INTO teacher VALUES(110109,'王三',
'女','2002-09',108)";

stat.executeUpdate(insertTeacher1);
stat.executeUpdate(insertTeacher2);
stat.executeUpdate(insertTeacher3);

// 查询teacher表
rSet = stat.executeQuery("Select * From teacher");
System.out.println("工号\t" + "姓名\t" + "性别\t" + "出生日期\t"
+ "所在学院\t");
// 输出表格中查询到的每一条记录内容
while (rSet.next()) {
    System.out.print(rSet.getInt("tid") + "\t");
    System.out.print(rSet.getString("name") + "\t");
    System.out.print(rSet.getString("sex") + "\t");
    System.out.print(rSet.getString("birthday") + "\t");
    System.out.print(rSet.getInt("collegeNum") + "\n");
}

// 用prepareStatement执行带参数的SQL语句
```

```
        String updateCollegeSQL="UPDATE teacher SET collegeNum=?
        WHERE name=? ";
        // 设置了2个参数
        PreparedStatement pstat = conDB.prepareStatement(updateCollege
        SQL);
        // 为updateCollegeSQL中的第1个参数赋值，参数类型不同调用
        // 不同的方法
        pstat.setInt(1, 200);
        // 为updateCollegeSQL中的第2个参数赋值
        pstat.setString(2, "王三");
        // 执行SQL语句
        pstat.executeUpdate();

        // 数据修改后，再次查询teacher表
        rSet = stat.executeQuery("Select * From teacher");
        System.out.println("工号\t" + "姓名\t" + "性别\t" + "出生日期\t"
        + "所在学院\t");
        // 输出表格中查询到的每一条记录内容
        while (rSet.next()) {
            System.out.print(rSet.getInt("tid") + "\t");
            System.out.print(rSet.getString("name") + "\t");
            System.out.print(rSet.getString("sex") + "\t");
            System.out.print(rSet.getString("birthday") + "\t");
            System.out.print(rSet.getInt("collegeNum") + "\n");
        }
        rSet.close();
        conDB.close();
    }
}
```

第一次运行DBConnTeacher程序，获得如下结果：

Connected to database!

New table teacher created

工号	姓名	性别	出生日期	所在学院
110106	Zhang Yi	Male	1998-06	103
110108	Li Er	Male	2001-08	106
110109	王三	女	2002-09	108

工号	姓名	性别	出生日期	所在学院
110106	Zhang Yi	Male	1998-06	103
110108	Li Er	Male	2001-08	106
110109	王三	女	2002-09	200

第10章　Java Web编程

10.1　JSP的概念

JSP（Java Server Pages），是嵌入了Java代码的HTML（HyperText Markup Language），由静态HTML、JSP标签、Java代码组成。JSP用于开发实现动态网页，实现网页与后台服务器进行数据的动态交互。

JSP代码文件以.jsp作为后缀，如：HelloJavaWeb.jsp，其中的Java代码，放在<% %>标签中。JSP代码的注释格式是：<!-- -->。我们新建一个HelloJavaWeb.jsp文件，其中的JSP代码如下：

```
<%@ page contentType="text/html;charset=UTF-8" %>
<%@ page import="java.util.*"%>

<HTML>
    <BODY>
        <%
```

```
            // java for循环
            for (int i=0; i<2; i++) {
        %>
            <!--居中显示你好 Java Web-->
            你好<br>
        <%
            }
        %>
    </BODY>
</HTML>
```

从上面的代码可以看到，Java代码是通过<% %>，嵌入在HTML代码里。将该JSP程序，部署到本地的Tomcat服务器，输入网址打开网页后，将获得如下的页面。

localhost:8080/book/HelloJavaWeb.jsp

你好 Java Web
你好 Java Web

图10.1　HelloJavaWeb.jsp运行结果页面

10.2　Tomcat

Java Web技术开发的系统需要部署到Tomcat（https://tomcat.apache.org/）

Web服务器上才能运行。Tomcat中部署JSP程序文件的默认目录是：Tomcat的安装目录/webapps/ROOT，把JSP程序文件放在此目录下即可。例如，ROOT下面创建一个目录book，并将HelloJavaWeb.jsp文件放到book目录下：

- apache-tomcat-10.1.6 /webapps/ROOT/book/HelloJavaWeb.jsp
- 则该页面对应的网址为：http://localhost:8080/book/HelloJavaWeb.jsp

如果Tomcat没有安装在本机，则localhost需要替换成Tomcat所在服务器的IP地址。

10.3　JSP语法概述

除了HTML代码以外，JSP主要包括三类组件：脚本元素、指令标签、动作标签。

脚本元素包括：

- <%!　%>声明标签：用于定义成员变量与方法。如<%! String bookName="Java"; %>。
- <%　%>脚本标签：用于存放Java程序代码，处理复杂的业务逻辑。如<%System.out.println(bookName); %>。
- <%= %>赋值标签：用于在JSP中获取Java变量的值，赋值标签中的Java代码结尾不添加分号。如：<%= bookName %>，其中bookName是Java代码中的变量。

指令标签格式为：<%@ 指令名 属性1="属性值", 属性2="属性值", ...%>，包括的指令主要有：

- page：可定义多个属性，包括import、contentType、Session等。
- import：用于引入Java类，如：<%@ page import="java.sql.*", "java.util.Date"%>。

- contentType：用于定义JSP页面的MIME类型和字符编码。如：<%@ page contentType="text/html;charset=UTF-8" %>，是告诉浏览器将这个JSP文档作为HTML网页打开，页面的字符编码是UTF-8。
- session属性：默认值为true，表示JSP页面参与HTTP会话，为false时，则不参与。
- include，格式为<%@ include file="fileName" %>，该指令可将外部文件插入当前JSP。

动作标签格式为<jsp:动作名称 属性名称1="属性值1", 属性名称2="属性值1"... />，例如：

- forward动作：让JSP页面从该指令处停止当前页面的继续执行，而跳转到指定的页面，也可结合param指令，向跳转到的页面传送数据。例如：

```
<jsp:forward page="success.jsp">
    <jsp:param name="username" value="<%=userName%>"/>
</jsp:forward>
```

- JavaBean动作：语法为<jsp:useBean id="bean的名字" class="创建bean的类" scope="有效范围" />，让服务器加载该Java bean类的一个对象。

10.4 JSP内置对象

JSP的脚本元素中，包括一些默认的对象，可直接使用，如：request、response、session等。

- request对象，可用来获取用户请求（或前一个页面）传递过来的参数数据，最常用的方法是：request.getParameter(“参数名”)，例如：String userName = request.getParameter(“ID”);，表示获取从前一个页面传过来的参数名（变量名）为ID的数值。

- response对象：与request对应，可对用户的请求做出动态响应，向用户发送数据。
- session对象：用户打开浏览器网址连接到JSP服务器，就建立一个session（会话），一个session只对应一个用户，session可以存储用户的相关数据，如用户登陆页面时的用户名等。

10.5　form（表单）

form（表单）是可输入数据的页面，用于用户端同服务器端进行数据交互。用户填写表单，然后“提交”表单，表单中的数据将发送到服务器，服务器进行数据处理并返回处理情况。表单以<form>开始，以</form>结束，中间包含<input>，<select> </select>等标记。例如，一个简单的用户登陆页面login1.jsp代码如下：

```
<%@ page contentType="text/html;charset=utf-8" %>
<%@ page import="java.util.*"%>

<HTML>
    <BODY>
        <center>
            <form action="check1.jsp" method="post">
                <table border="0">
                    <tr>
                        <td colspan="2" align="center"><h1>Login</
                        h1></td>
                    </tr>
```

```
                    <tr>
                         <td>Username: </td>
                         <td><input type="text" name="ID"></td>
                    </tr>
                    <tr>
                         <td>Password: </td>
                         <td><input type="password" name="PWD"></
                         td>
                    </tr>
                    </br>
                    <tr>
                         <td><input type="submit" value="Login"></td>
                         <td><input type="reset" value="Reset"></td>
                    </tr>
               </table>
          </form>
     </center>
   </BODY>
</HTML>
```

将该JSP页面部署到Tomcat服务器，在浏览器打开，获得如下界面：

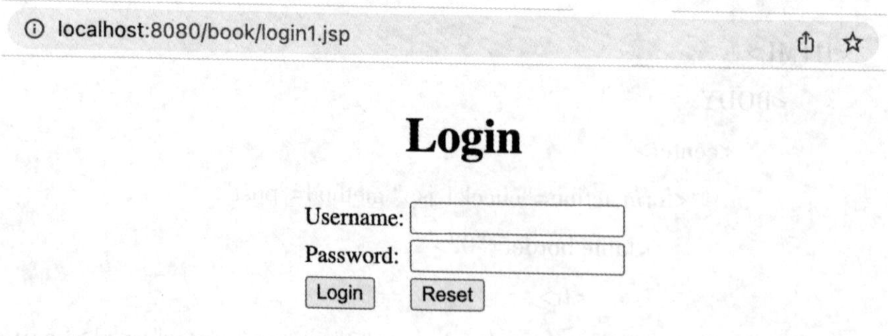

localhost:8080/book/login1.jsp

Login

Username:

Password:

Login　Reset

图10.2　login1.jsp运行结果页面

该form中的method属性，规定表单数据的传输方法，主要有两种参数方法可选：

- get表示表单信息将在URL后明文传输。
- post表示表单信息将作为信息体隐藏传输。

该form中的action属性，规定表单的下一步处理方式，通常为一个URL，action="check1.jsp"，表示点击提交按钮（submit）后，页面要跳转到check1.jsp页面。

<input>定义表单中输入数据的区域，type="text"，表示文本输入框，name="ID"，表示文本框中输入的内容用ID作为标识变量，例如，如果用户在文本框中输入了admin，则ID="admin"。type="password "，表示文本框，但输入的内容是密码，为防止偷窥，密码输入后用黑点显示。type="submit"，表示提交按钮，value="Login"表示按钮上要显示的文字是Login。type="reset"，表示重置按钮，value="Reset"表示按钮上要显示的文字是Reset。<input>中的属性还有，maxlength定义文本框中最多可输入的字符数，size定义文本框的宽度，等。

check1.jsp的代码如下：

```
<%@ page contentType="text/html;charset=utf-8" %>


<HTML>
    <BODY>
        <%
            // 获取用户输入并传递过来的用户名ID值
            String userName = request.getParameter("ID");
            // 获取用户输入并传递过来的密码PWD值
            String passWord = request.getParameter("PWD");
            // 判断输入的用户名是否为admin，密码是否为12345
            if(userName.equals("admin") && passWord.equals("12345")){
        %>
            <!--用户名密码正确，页面跳转到success.jsp页面，并传
```

```
            递username参数-->
            <jsp:forward page="success.jsp">
                <jsp:param name="username" value="<%=userName%>"/>
            </jsp:forward>
        <%
            }else{
        %>
            <!--用户名或密码错误，页面跳转到fail.jsp页面-->
            <jsp:forward page="fail.jsp"/>
        <%
            }
        %>
    </BODY>
</HTML>
```

success.jsp的代码如下：

```
<%@ page contentType="text/html;charset=UTF-8" %>
<%@ page import="java.util.*"%>

<HTML>
    <BODY>
        <center>
            </br>
            Welcome, <br>
            <h1>
                <% out.println("Dear");%>
                <%=request.getParameter("username")%>
            </h1>
        </center>
```

```
    </BODY>
</HTML>
```

fail.jsp的代码如下：

```
<%@ page contentType="text/html;charset=utf-8" %>
<%@ page import="java.util.*"%>

<HTML>
    <BODY>
        <center>
            </br>
            Username or Password <font style="color:red;">error</font>,
            please login again. <br>
            <h1>
                <a href="login1.jsp">Login</a>
            </h1>
        </center>
    </BODY>
</HTML>
```

在login1.jsp页面中，在Username文本框输入admin，在Password文本框输入12345，点击Submit按钮，提交表单后，登陆成功，页面跳转到success.jsp，结果页面显示如下，success.jsp页面通过<%=request.getParameter("username")%>，从check1.jsp页面获得传递过来的username值。

localhost:8080/book/check1.jsp

Welcome,

Dear admin

图10.3　success.jsp运行结果页面

如果在login1.jsp页面中输入的用户名密码错误，点击Submit按钮，登陆失败，页面跳转到fail.jsp，结果页面显示如下，fail.jsp页面通过<a href="login1.jsp">Login</a>，增加了一个login1.jsp页面的链接，便于用户点击重新回到登陆页面输入登录信息。

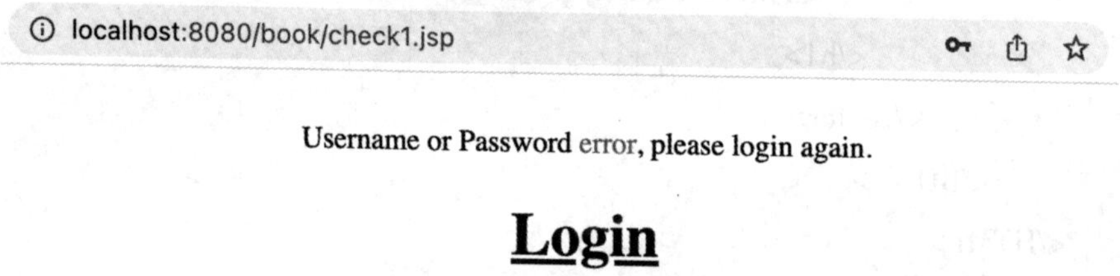

localhost:8080/book/check1.jsp

Username or Password error, please login again.

Login

图10.4　fail.jsp运行结果页面

我们再看一个稍微复杂一些的form例子，register.jsp:

```
<%@ page contentType="text/html;charset=utf-8" %>
<%@ page import="java.util.*"%>
```

```
<HTML>
    <BODY>
        <center>
            <form  action="" method="post">
                <!--table border="1"-->
                    用户名:
                    <input type="text" name="ID">
                  <br>
                  <br>

                    密码:
                    <input type="password" name="PWD">
                  <br>
                  <br>

                    性别:
                    <input type="radio" name="gender" value="male"> 男
                    <input type="radio" name="gender" value="female"> 女
                  <br>
                  <br>

                    所在城市:
                    <select  name="city" size="1">
                        <option value="bj" selected> 北京 </option>
                        <option value="sh"> 上海 </option>
                        <option value="sz"> 深圳 </option>
                    </select>
                    <br>
                    <br>
```

```
            你喜欢：
            <input type="checkbox" name="sport" value="run">
            跑步
            <input type="checkbox" name="sport" value="basketball">
            篮球
            <br>
            <br>

            你的家乡：<br>
            <textarea name="hometown" ROWS=8  COLS=36>
                山清水秀
                人杰地灵
            </textarea>
            <br>
            <br>

            <td><input type="submit" value="提交"></td>
            <td><input type="reset" value="重置"></td>
        <!--/table-->
      </form>
    </center>
  </BODY>
</HTML>
```

访问register.jsp，获得如下页面：

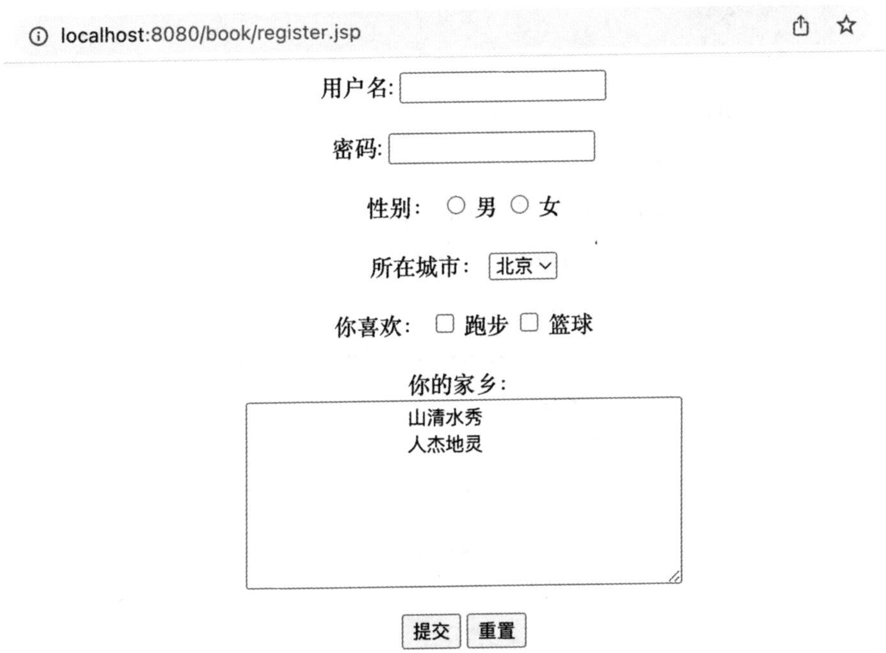

localhost:8080/book/register.jsp

用户名:

密码:

性别: ○ 男 ○ 女

所在城市: 北京

你喜欢: ☐ 跑步 ☐ 篮球

你的家乡:

山清水秀
人杰地灵

提交 重置

图10.5　register.jsp运行结果页面

10.6　JSP与数据库连接

在check1.jsp中，获取用户输入的用户名和密码后，通过if(userName.equals(“admin”) && passWord.equals(“12345”))，这是只支持一个用户登录的简单登录验证，无法支持别的用户登录。为了支持更多用户登录，我们需要让JSP页面连接到后台的数据库。login2.jsp的代码如下：

```
<%@ page contentType="text/html;charset=utf-8" %>
<%@ page import="java.util.*"%>
```

```
<HTML>
    <BODY>
        <center>
            <form  action="check2.jsp" method="post">
                <table border="1">
                    <tr>
                        <td colspan="2" align="center"><b>Login</b></td>
                    </tr>
                    <tr>
                        <td>UserName: </td>
                        <td><input type="text" name="ID"></td>
                    </tr>
                    <tr>
                        <td>Password: </td>
                        <td><input type="password" name="PWD"></td>
                    </tr>
                    <tr>
                        <td><input type="submit" value="Login"></td>
                        <td><input type="reset" value="Reset"></td>
                    </tr>
                </table>
            </form>
        </center>
    </BODY>
</HTML>
```

check2.jsp的代码如下：

```
<%@ page contentType="text/html;charset=utf-8" %>
<%@ page language="java" import="java.sql.*"%>
```

```
<HTML>
    <BODY>
    <%
        String userName = request.getParameter("ID");
        String passWord = request.getParameter("PWD");
        boolean login = false;
        String uname="";
        String pword="";

    try{

            // 加载驱动程序
            Class.forName("com.mysql.cj.jdbc.Driver");
            // 创建与数据库的连接
            Connection conDB = DriverManager.getConnection("jdbc:mys
            ql://127.0.0.1:3306/JavaDBTest", "test","12345678");
            // 判断数据库是否连接成功
            if (!conDB.isClosed()) {
                System.out.println("Connected to database!");
            } else {
                System.out.println("Connecting to database error!");
            }
            // 创建statement，用来执行SQL语句
            Statement stat = conDB.createStatement();

            // 查询用户登录信息表user
            ResultSet rSet = stat.executeQuery("Select * From user");

            // 与表格中查询到的每一条用户信息进行比较
```

```
            while (rSet.next()) {
                uname = rSet.getString("username");
                pword = rSet.getString("password");
                if(uname.equals(userName) && pword.equals(passWord)){
                    login = true;
                }
            }
        } catch (Exception e) {
            e.printStackTrace();
        }
        if(login){
    %>
        <jsp:forward page="success.jsp">
            <jsp:param name="username" value="<%=uname%>"/>
        </jsp:forward>
    <%
        }else{
    %>
        <jsp:forward page="fail.jsp"/>
    <%
        }
    %>
    </BODY>
</HTML>
```

运行login2.jsp，获得如下页面，输入用户名ZhangYi和对应的密码12345后，点击Login。

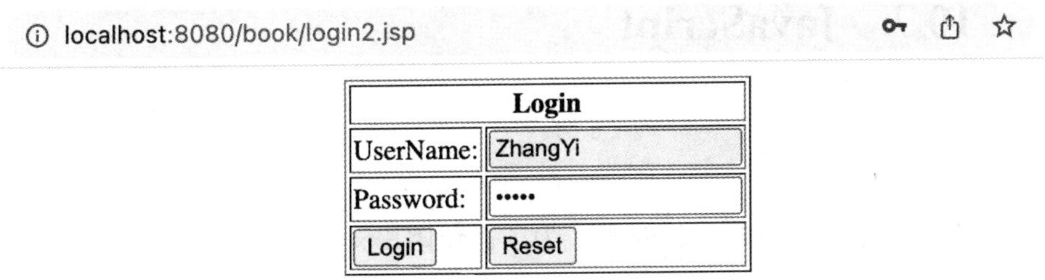

localhost:8080/book/login2.jsp

Login	
UserName:	ZhangYi
Password:	•••••
Login	Reset

图10.6 login2.jsp运行结果页面

登陆成功后，跳转到success.jsp页面，结果页面如下。

localhost:8080/book/check2.jsp

Welcome,

Dear ZhangYi

图10.7 success.jsp运行结果页面

check2.jsp，通过JDBC连接到JavaDBTest数据库，并从user表里提取了已注册的用户名和密码信息（JavaDBTest中需要包含表user，user表中存储用户名和密码信息），然后与用户输入的用户名和密码逐一比对，用户名和密码都输入成功后，跳转到登陆成功页面success.jsp，否则跳转到登陆失败页面fail.jsp。

10.7 JavaScript

用户在提交表单数据的时候，为了避免用户频繁填错而增加服务器的负载，要先在客户端浏览器对用户所填入的内容进行验证确认（比如，用户填入的手机号不能为空，手机号必须是数字，邮箱必须带有@，等等），没有问题后再将用户填入的表单数据提交服务器进行验证。为了实现在客户端对用户输入的内容进行验证，可以使用JavaScript语言。下面的login3.jsp页面通过JavaScript控制用户名和密码，不能为空。

```
<%@ page contentType="text/html;charset=utf-8" %>
<%@ page import="java.util.*"%>

<HTML>
    <BODY>
        <center>
            <form name="userForm" action="check3.jsp" method="post"
            onsubmit="return checkForm(this)">
                <table border="1">
                    <tr>
                        <td colspan="2" align="center"><b>Login</b></td>
                    </tr>
                    <tr>
                        <td>UserName: </td>
                        <td><input type="text" name="ID"></td>
                    </tr>
                    <tr>
                        <td>Password: </td>
                        <td><input type="password" name="PWD"></td>
```

```
                </tr>
                <tr>
                    <td><input type="submit" value="Login"></td>
                    <td><input type="reset" value="Reset"></td>
                </tr>
            </table>
        </form>
    </center>
    <SCRIPT language=JavaScript>
        function checkForm(userForm)
        {
            var flag=true;
            if(userForm.ID.value=="")
            {
                alert("用户名不能为空，请输入用户名！");
                userForm.ID.focus();
                flag=false;
            }
            if(userForm.PWD.value=="")
            {
                alert(“密码不能为空，请输入密码！”);
                userForm.PWD.focus();
                flag=false;
            }
            return flag;
        }
    </SCRIPT>
</BODY>
</HTML>
```

访问login3.jsp，当用户名或密码为空时，点击提交Submit按钮，出现如下报错信息。

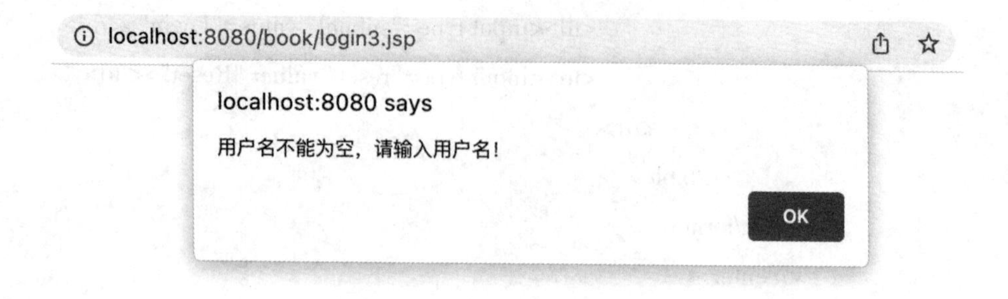

图10.8　login3.jsp用户名填写为空运行报错结果页面

JavaScript应用非常广泛，功能也很多，JavaScript也有一些流行的开源框架供我们使用，如jQuery等。

10.8　CSS样式

本章我们开发的JSP页面样式都比较难看，是因为我们没有对页面进行设计开发。CSS 是描述 HTML 文档样式，使页面更漂亮的语言。CSS/HTML也有一些流行的开源框架供我们使用，如Bootstrap等。例如，通过CSS改一下login3.jsp的样式，设置h1的颜色，整个页面的背景图片的代码如下：

```
<%@ page contentType="text/html;charset=utf-8" %>
<%@ page import="java.util.*"%>

<HTML>
```

```
<head>
    <style type="text/css">
        h1 {
            color: blue;
            text-align: center;
        }
        body {
            background-image: url("sea.jpg");
        }
    </style>
</head>
<BODY>
    <center>
        <h1>
            <td colspan="2" align="center"><b>Login</b></td>
        </h1>

        <form name="userForm" action="check3.jsp" method="post"
        onsubmit="return checkForm(this)">
            <table border="1">
                <!--tr>
                    <h1>
                        <td colspan="2" align="center"><b>Login</
                        b></td>
                    </h1-->
                </tr>
                <tr>
                    <td>UserName: </td>
                    <td><input type="text" name="ID"></td>
                </tr>
```

```
            <tr>
                <td>Password: </td>
                <td><input type="password" name="PWD"></
                td>
            </tr>
            <tr>
                <td><input type="submit" value="Login"></td>
                <td><input type="reset" value="Reset"></td>
            </tr>
        </table>
    </form>
</center>
<SCRIPT language=JavaScript>
    function checkForm(userForm)
    {
        var flag=true;
        if(userForm.ID.value=="")
        {
            alert("用户名不能为空，请输入用户名！");
            userForm.ID.focus();
            flag=false;
        }
        if(userForm.PWD.value=="")
        {
            alert("密码不能为空，请输入密码！");
            userForm.PWD.focus();
            flag=false;
        }
        return flag;
    }
```

```
        </SCRIPT>
    </BODY>
</HTML>
```

运行login3.jsp，获得如下页面。

图10.9 login3.jsp通过CSS进行样式调整后的运行结果页面

10.9 SpringBoot

SpringBoot（https://spring.io/projects/spring-boot）是较流行的开源Java Web开发框架之一，在国内外大型Java Web系统（如：大型电商系统、在线支付系统等）获得广泛应用。要开发带有复杂业务逻辑的Web系统，可进一步学习SpringBoot开发框架。